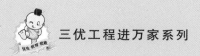

三优工程进万家系列

0~1岁宝宝教养手册

主编　王书荃

编写　王书荃　冯　斌　任玉风

　　　陈　欣　楼晓悦　赵　娟

U0321909

山西出版传媒集团·希望出版社

图书在版编目（CIP）数据

0～1岁宝宝教养手册 / 王书荃主编. -- 太原：希望出版社，2012.2

（三优工程进万家系列）

ISBN 978-7-5379-5623-9

Ⅰ.①0～1… Ⅱ.①王… Ⅲ.①婴幼儿－哺育 Ⅳ.①TS976.31

中国版本图书馆 CIP 数据核字（2011）第 280899 号

三优工程进万家系列

0～1岁宝宝教养手册

出 版 人	梁 萍	责任编辑	武志娟
策 划	武志娟 申月华	复 审	谢琛香
装帧设计	韩 石	终 审	陈 炜
内文图片	任 杰	责任印制	刘一新

书　　名　0～1岁宝宝教养手册
出版发行　山西出版传媒集团·希望出版社
地　　址　山西省太原市建设南路 21 号　　邮　编　030012
印　　刷　运城市凯达印刷包装有限公司
开　　本　720mm × 1000mm　1/16
印　　张　17.25
印　　数　1-6000册
版　　次　2013 年 2 月第 1 版　　2013 年 2 月第 1 次印刷
标准书号　ISBN 978-7-5379-5623-9
定　　价　39.80 元

前言

QIANYAN

  当新生命的到来为家庭带来喜悦的同时，也带来了责任。俗话说：三岁看大七岁看老。国内外大量研究表明，0~3岁是个体感官、动作、语言、智力发展的关键时期，是个体体格和心理发展的基础。许多年轻父母在还没有完全形成父母意识的时候，就匆匆地担任起了为人父母的重要角色。做父母需要学习，养育孩子的过程就是新手父母学习和成长的过程。父母如果具备了养育孩子必须的知识，就可以充分利用婴儿出生后头几个月的最佳时期，以及儿童0~3岁这一重要的发育阶段，给孩子提供尽可能多的外部刺激来促进儿童发育，帮助儿童发展自然的力量。

  父母既要懂得护理保健的知识又要掌握科学喂养的技巧，更重要的是通过情绪情感的关怀和适宜的亲子游戏活动，为孩子的一生创造一个良好的开端，为未来的发展奠定良好的基础。

为了更好地普及0~3岁的科学育儿知识，我们应邀编写了这套图书，全书按照年龄分为三册，第一册《0~1岁宝宝教养手册》，每一个月为一个年龄阶段，一共十二个年龄段。第二册《1~2岁宝宝教养手册》，每两个月为一个年龄阶段，一共六个年龄段。第三册《2~3岁宝宝教养手册》，每三个月为一个年龄阶段，一共四个年龄段。每个年龄段儿童的发展和养育、教育特点都是由十个板块展现的，那就是发展综述、身心特点、科学喂养、护理保健、疾病预防、运动健身、智慧乐园、情商启迪、玩具推介和问题解答。

首先我们在每一个年龄段里综合概括地向家长介绍了这个年龄阶段孩子的发展特征，使家长对这个年龄段的孩子有一总体的认识。接下来，"身心特点"告诉家长本月龄孩子体格和心理发展的各项指标，使家长可以依照相应的指标对比自己的孩子，了解孩子的发展水平。在"科学喂养"这个板块里，告诉家长这个年龄阶段孩子的营养需求是什么以及一些喂养技巧，同时还教给新手妈妈怎么样给孩子做营养均衡的美味食品。对新生儿及婴幼儿来说，吃喝拉撒睡是很琐碎但是又十分重要的生活内容，在"护理保健"这一板块中，我们详细地介绍了不同年龄阶段和不同喂养方式孩子大便、小便特点，如何根据大小便判断孩子的健康状况，以及睡眠规律和良好睡眠习惯的养成。在"疾病预防"方面，除了新生儿疾病以外，疾病的特点虽然不以年龄阶段划分，但我们仍旧在每个年龄阶段从生理疾病、情绪行为问题和意外伤害等方面分别介绍了常见的问题和主要的预防方法。

当前0～3岁早期教育正经历着前所未有的历史发展机遇！许多国家采取了立法的方式确立了这一时期教育的地位。但教育的内容是什么，应该如何对这一时期的儿童进行教育？"运动健身"、"智慧乐园"和"情商启迪"这三个板块，以游戏的方式教给家长促进孩子运动、智力发展和培养良好情绪的方法。

玩具是促进儿童发展的媒介，在"玩具推介"这一板块，我们为家长提供了相应年龄段可供选择的玩具。最后在"问题解答"这一板块回答了年轻父母最关心的问题并呈现了以上板块没有包含的内容。

我们希望这套图书能给家长带来崭新的育儿观念、丰富的育儿知识和科学的育儿方法，让孩子在良好的环境中健康地成长。

本套图书得以在短时间内顺利地完成，要感谢所有的参与者，每个人充分调动了自己的潜能，挖掘了自己的积累，以最高的效率共同培育了这一成果。参加撰写的除了我本人之外，还有冯斌、任玉风、陈欣、楼晓悦、赵娟。其中第一个板块"发展综述"由陈欣撰写；第二个板块"身心特点"和第九个板块"玩具推介"由冯斌撰写；第三个板块"科学喂养"由任玉风撰写；第四个板块"护理保健"由楼晓悦撰写；第五个板块"疾病预防"由王书荃撰写；第六、七、八个板块即"运动健身""智慧乐园""情商启迪"由王书荃、冯斌、任玉风、赵娟共同撰写，任玉风和赵娟做了很多资料甄选工作；"问题解答"由王书荃、任玉风撰写。王书荃作为本书的主编构建了全书的框架、确定了板块和编写思路。最后全书由王书荃统稿，冯斌协助。

由于时间紧张、水平有限，不当之处敬请指正。

王书荃

中央教育科学研究所

目录

MULU

1个月的宝宝

一、发展综述

　　出生一个月内的宝宝被称为新生儿，新生儿已经具有生存的必要条件。虽然初生的宝宝还不能独立觅食，不能独立行动，但他们已经具备了某些潜能，足以使他们适应爸爸妈妈为他们提供的生活条件。

　　首先，新生儿具有较完善的觅食、吸吮、吞咽、抓握、步行、爬行、眨眼等生存反射，这些反射都具有明显的适应价值，如觅食、吸吮反射可以使宝宝摄入必要的营养物质，吞咽反射能防止宝宝被噎着，呼吸反射能让宝宝吸入氧气排出二氧化碳，眨眼反射可以保护宝宝眼睛等。除了这些生存反射外，还有一些原始反射。原始反射在新生儿期出现，几个月内即消失。原始反射是人类进化残存的遗迹，似乎已经没有存在的意义。但它们在新生儿身上是否出现，有时可以作为检测神经系统发育是否正常的手段之一。常见的原始反射有抓握反射，新生儿会抓住触他（她）手心的物体；游泳反射，把新生儿放入水中，双臂和双腿作出自主运动，能漂流片刻，能在水中自主屏住呼吸。

　　其次，新生儿的各种感官发展是不平衡的。新生的宝宝嗅觉和味觉都比较发达。他们能准确地只根据味道就判断是不是被妈妈抱着；如果妈妈吃了刺激性的食物，宝宝也能够立刻从妈妈的奶水中感觉到这种味道。但是，新生的宝宝并不是所有的感官都这么发达。他们的听觉器官尚未发育完全，而且新生儿是远视眼，由于调节不完善，在视网膜上不能得到清晰的形象，所以视力是很差的。因此，这一阶段，应该针对新生儿主要感觉器官给予早期附加刺激和环境变更刺激来促进发育。如，妈妈经常面带笑容、充满爱心、用柔和亲切的语气与宝宝说话，给宝宝唱歌，放轻柔优美的音乐等等，对新生儿来说都是非常好的刺激。可以在床前悬挂鲜亮色彩的气球给宝宝看，锻炼其视觉功能等等。

　　新生儿阶段，是年轻的妈妈和可爱的宝宝都努力学习适应的一个里程碑，妈妈应该充分利用新生儿阶段的特点，给予宝宝足够的刺激，激发宝宝的潜能。

二、身心·特点

（一）体格发育

1. 身长标准

新生儿男童平均身长为 50.5 厘米，女童平均身长为 49.9 厘米。

1 个月的男童平均身长为 54.6 厘米，正常范围是 52.1～57.0 厘米。

1 个月的女童平均身长为 53.5 厘米，正常范围是 51.2～55.8 厘米。

2. 体重标准

新生儿男童平均体重为 3.3 千克，女童平均体重为 3.2 千克。

1 个月的男童平均体重为 4.3 千克，正常范围是 3.6～5.0 千克。

1 个月的女童平均体重为 4.0 千克，正常范围是 3.4～4.5 千克。

3. 头围标准

新生儿男童平均头围为34.3厘米，女童平均头围为33.9厘米。

1个月的男童平均头围为38.1厘米，正常范围是37.0~39.4厘米。

1个月的女童平均头围为37.4厘米，正常范围是36.1~38.6厘米。

4. 胸围标准

新生儿男童平均胸围为32.7厘米，女童平均胸围为32.6厘米。

1个月的男童平均胸围为37.6厘米，正常范围是35.6~39.4厘米。

1个月的女童平均胸围为36.8厘米，正常范围是34.9~38.6厘米。

（二）心理发展

1. 大运动的发展

婴儿最早发展的基本动作是头部的动作。1个月内的宝宝俯卧时不能抬头，竖直抱时头颈部可以短暂挺立。

2. 精细动作的发展

刚出生的宝宝具有先天的抓握反射，成人将两个食指分别伸到宝宝握着的双手里，宝宝会自动握紧手指。

3. 语言能力的发展

婴儿出生后的第一声啼哭是最早的发音，也是以后语言的基础。宝宝的哭声可以用来表示身体的状态，并成为其得到注意的手段。

4. 认知能力的发展

出生几天的宝宝就能注视或跟踪移动的物体或发光点。新生的宝宝也具备了一定的听觉能力，用玩具在距离宝宝耳边10厘米左右处发出声响，宝宝头部有明显的运动反应。

5. 自理能力的发展（社会性的发展）

新生儿用不同的哭声来表达不同的生理需求，如饿了、尿了等。这是婴儿自理能力发展的初始阶段。

三、科学喂养

（一）营养需求

　　母乳是大自然迎接宝宝诞生的最珍贵礼物。世界卫生组织提醒全世界的妈妈：母乳是最佳的天然营养品，是任何婴儿奶粉都不能代替的。尤其初乳中含大量免疫球蛋白，具有排菌、抑菌、杀菌作用，是宝宝上等的天然疫苗。而且母乳有利于宝宝排清胎粪，让黄疸顺利消退。

　　母乳中含有一种叫做DHA的脂肪酸，可使大脑生长更加完全。还有丰富的胆固醇，是大脑的发育、生成激素和维生素D的最基本的组成部分；母乳中的乳糖经过分解产生半乳糖，对脑组织的发育极为有益。研究表明，母乳喂养的宝宝较配方奶粉喂养的宝宝智商平均高7～10分。

（二）喂养技巧

1. 母乳喂养

　　新生宝宝断脐后30分钟，便可被裸身抱到妈妈胸前，进行体肤的充分接触，以唤起宝宝的吮吸本能。新生儿时期宝宝的消化能力是惊人的，一般不到10分钟，便能将胃内的食物几乎全部消化。所以，这个阶段的哺乳时间应该是灵活的，遵循"按需哺乳"喂养原则，这对出生后一周左右的宝宝特别重要。应注意当妈妈有奶胀感觉时，哪怕宝宝在睡眠中，也可用蘸凉水的湿毛巾轻柔地弄醒宝宝，及时哺乳。下奶后，通常每天哺乳8～12次，夜间也尽量不要停止。

　　吃奶时长是判断宝宝是否吃饱的直接依据。新生宝宝一般连续吮吸

10分钟以上就饱了（但要保证是有效吮吸，即可听到宝宝连续的吞咽奶水的声音），也可以根据宝宝吮吸后是否能安静入睡或自己放开乳头玩耍等现象来作出判断。

排泄状况也是一个重要指标。吃奶足够的宝宝每天至少尿10次左右，正常小便为淡黄透明状；每天排尿少于6次或尿液颜色较深则说明奶水不足。而且大便还能反映乳汁的质量，刚出生前两三天的青黑色胎便过后，正常的大便应是金黄色或黄色糊状便。

母乳喂养是建立母婴之间亲密交流的最佳途径，更重要的是，能让宝宝降生后迅速寻找到这世界上最值得信赖的依靠，这种安全感是宝宝日后心智发展的坚实根基。

2. 混合喂养

如果采取了一切措施之后，妈妈的乳汁仍然不足，这时便需要用其他乳类或代乳品作为补充哺喂，即"混合喂养"。需要强调的是：其实只要能坚持并有正确的专业辅导，几乎所有的妈妈都是可以哺乳的，所以不到万不得已，别轻易放弃母乳哺喂。

喂养方法：每天先哺喂母乳，原则上不得少于3次，然后用其他乳类或代乳品补充不足。喂养时最好用小汤匙或滴管，避免用橡皮奶头，否则宝宝容易产生"乳头错觉"。一旦妈妈的奶量恢复正常，应立即转为母乳哺喂。

3. 人工喂养

少数妈妈在实在没有奶或患某些疾病不适合哺乳的情况下，需要完全使用其他乳类或代乳品进行哺喂，即"人工喂养"。配方奶是人工喂养的首选代乳品，根据体重、参考配方说明给量，就能保证宝宝营养和水的需要。除非宝宝不适应配方奶，否则不要改用其他食物。

哺喂时最好选用直式奶瓶，奶嘴软硬应适宜，孔洞大小按宝宝吸吮能力而定，以奶液能连续滴出为宜。一般要在奶嘴上扎两个孔，最好扎在侧面，这样宝宝不易呛奶。

哺喂前注意乳汁温度。可将奶滴于手腕内侧，以温暖为宜。

哺喂时将奶瓶倾斜45°，使奶嘴中充满乳汁，避免宝宝吸入空气或乳汁冲力太大。

新生儿一般每天要喂6～8次，每次间隔时间3～3.5小时。两周内新生儿每次喂奶量约50～100毫升，两周后每次喂奶量约70～120毫升。但需要说明的是，无论是配方奶说明的参考量，还是专业书籍给出的参考量，都只能给家长提供一个大致的参照，因为孩子食量大小的个体差异性较大，家长不必过于严格受到约束。

4. 注意事项

★新生儿混合喂养需注意

一次只喂一种奶，吃母乳就吃母乳，吃牛乳就吃牛乳。不要先吃母乳，不够了，再冲奶粉。这样不利于宝宝消化，也会使宝宝对乳头发生错觉，可能引发厌食牛乳，拒吃奶瓶。

混合喂养要充分利用有限的母乳，尽量多喂母乳。母乳是越吸越多，如果妈妈认为母乳不足，减少喂母乳的次数，反而会使母乳越来越少。母乳喂养每次间隔要均匀，不要很长一段时间都不喂母乳。

夜间尤其是后半夜，妈妈起床给宝宝冲奶粉很麻烦，最好是用母乳喂养。夜间妈妈休息，乳汁分泌量相对增多，宝宝需要量又相对减少，母乳可能会满足宝宝的需要。但如果母乳量太少，宝宝吃不饱，就会缩短吃奶间隔，影响到母子休息，这时就要以牛乳为主了。

★鲜牛奶不适宜喂养新生儿

鲜牛奶含有丰富的钙质，是很好的乳品，但鲜牛奶不适宜喂养新生儿。鲜牛奶中含有充足的蛋白质，比母乳高出约3倍，但80%是酪蛋白。

酪蛋白在胃中遇到酸性胃液后，很容易结成较大的乳凝块，新生儿很难消化吸收。

（三）宝宝餐桌

乳汁不足的妈妈，用传统食疗法催乳既安全又简单有效。下面介绍一些催乳食谱：

丝瓜鲫鱼汤： 新鲜鲫鱼1条，去内杂洗净。稍煎，倒入黄酒、水，加姜、葱调味。小火焖炖20分钟。丝瓜200克，切片，放入鱼汤中，旺火煮汤至乳白色后加盐。几分钟后起锅食用。把丝瓜换成适量豆芽或者通草也可。

通草猪蹄汤： 通草2克，猪蹄4只或蹄膀1只，加水煮熟烂，食肉饮汤。

猪蹄炖花生： 猪蹄4只，用刀划长口。花生300克，盐、葱、姜、黄酒各适量。加水用旺火煮沸，再文火熬至熟烂。

乌骨鸡汤： 乌骨鸡1只，洗净切碎，用葱、姜、盐、黄酒拌匀，加黄芪20克、枸杞子15克、党参15克，隔水蒸20分钟即可。

枸杞子鲜虾汤： 新鲜大虾100克，枸杞子20克，黄酒20克。大虾去足须后洗干净，放入锅内。加枸杞子和适量水共煮汤，待虾熟倒入黄酒，搅匀即可食用。

茭白泥鳅豆腐羹： 茭白100克，泥鳅150克，豆腐300克，植物油30克，葱、姜、盐、味精各适量。茭白洗净、切丝，泥鳅剖洗干净，豆腐切小块。先将茭白下油锅炒软，再放入泥鳅同炒，加盐、适量水烧开。加入豆腐块、葱、姜，煮沸后放少量味精调味即可。

小米红糖粥： 小米50克，红糖适量。小米洗净，加水煮粥。粥成加入红糖即可食用。

　　花生粥：大米100克，花生仁100克。大米洗净，加水用武火煮沸。沸后加入花生仁，改用文火煮。粥成用适量冰糖调味即可。

四、护理保健

（一）护理要点

1. 吃喝

★ 开奶时间应尽早

　　刚出生的宝宝躺在妈妈身边时，就可以开始尝试吃第一口母乳了。宝宝吸吮越早，妈妈下奶越早。尤其是前12天的母乳里含有大量的免疫物质，能够帮助宝宝安全度过人生中最初的6个月。所以，宝宝越早吸吮到母乳，获得机体免疫力的机会就越多。当然，有些医院会要求先喂宝宝奶瓶，其实这样容易引起新生儿乳头错觉。当宝宝吃惯奶瓶后，他可不愿意再费劲地去吃母乳。因此，新手妈妈要记住：每次给宝宝喂奶瓶前，一定要先让宝宝吮吸母乳（虽然妈妈们可能还未充分下奶，会慌乱得满头大汗），只有这样，才能刺激妈妈尽快泌乳，多多泌乳。

★ 遵循按需哺乳

　　母乳喂养的宝宝哺乳不应定时，新生儿随饿随喂。当宝宝哭了，应先检查是否是尿了、拉了、热了或冷了，如果都不是，就可以给新生宝宝喂奶。如果是用奶粉喂养的宝宝，则要注意定时、定量。否则频繁喂奶容易引起宝宝肥胖，不利于健康发育。

★ 新生儿需要喝水吗

4个月以内的宝宝在母乳量足够的情况下，热量和水分已能充分满足需要，因此不必再给宝宝另外喝水。但如果宝宝出生在炎热的夏季，则可每天多次少量地给宝宝喝些白开水。一来是补充汗液蒸发的水分，二来也可让宝宝适应橡皮奶嘴，以免妈妈重返工作岗位后宝宝因为不熟悉奶瓶而拒绝吃奶。

★ 新生儿的奶瓶消毒

新生宝宝的免疫力和抵抗力都低，所以奶瓶消毒就特别重要。由于部分地区水质较硬，沸水消毒法会让奶嘴和奶瓶结上水垢，所以应采取高温蒸汽消毒法。将清洗干净的奶瓶、奶嘴（奶嘴可用细盐粒轻轻揉搓消毒）、吸奶器等零件都拆开，放在锅内蒸汽消毒7~10分钟即可，然后用纱布遮盖，千万别一直捂在锅里，否则容易滋生细菌。一般新生儿的用具使用一次就要消毒，因此可多准备几个奶瓶。

2. 拉撒

★ 通过大便看健康

母乳喂养充足的新生宝宝每天尿十几或二十次不等，但如果每天尿6次以下则说明母乳不足。新生宝宝的大便呈黄色或金黄色酱状，有时会有碎豆花样的奶渣，这是因为宝宝的消化系统还在建立当中，不能充分消化食物。只要宝宝吃得好、睡得香、身长体重增长正常就行。吃纯母乳的新生宝宝有时大便偏稀，一哭闹、放屁就会有粪便从肛门流出，这是因为此时宝宝控制大便的器官和肌肉还未发育成熟，无法控制大便，这就叫"生理性腹泻"，无需治疗，家长也不必过于紧张，但妈妈需注意少吃脂肪高的食物和汤水。随着宝宝月龄增长，添加辅食后会慢慢好转。但此类宝宝因为大便次数较多，所以容易红臀。故每次应用卫生棉球蘸上温开水，仔细清洗宝宝的小屁股，并均匀轻薄地涂抹护臀霜或凡士林，防止新生儿红臀。

3. 睡眠

大多数新生宝宝每天都有大约20个小时在睡觉，所以，妈妈应该抓紧时间充分休息，争取早日恢复体力。

★睡眠环境

其实从胎儿起宝宝就习惯听各种声响，如血液流动、心跳声等。因此，没必要为宝宝制造特别"安静"的睡眠环境，以免日后养成睡眠太轻的毛病。

★睡姿

由于婴儿吐奶容易堵塞口鼻引起窒息，所以宝宝吃饱睡下后，可在他的后背垫一块毛巾帮助他采用右侧卧位。一般右侧卧1个小时后，可以让宝宝平睡。新手爸爸妈妈还要注意经常检查小宝宝的睡眠情况，这样才能尽快发现意外，保护宝宝的安全。

★妈妈，我太冷（热）了也睡不着啊

宝宝的屋内室温在20度左右，湿度在40度左右最适合，尤其注意不要给宝宝捂得太多，一般比成人多一件薄衣即可。可尝试用以下方法查看宝宝是不是舒适：宝宝入睡半小时后摸摸他的小手、小脚，如果手脚发凉说明衣被过少；如果手心、脖子出汗则说明捂得过热，需要稍微减些衣物。需要注意的是，无论过热还是过凉，衣物都要一点点加或一点点减，别让小宝宝忽冷忽热，否则容易感冒生病。

4. 其他

★脐带护理

脐带是母体与胎儿间物质与气体交换的通路。新生儿娩出断脐后，脐带便完成了孕期的使命。新生儿的脐带大约在出生后10天左右脱落，新手爸爸妈妈要注意宝宝脐部的护理，预防脐部疾病的发生。新生儿脐带护理分为以下两个阶段：

第一阶段：脐带未脱落前。此时护理重点在于保持脐带干燥，避免水或尿液浸湿脐部。给新生宝宝洗澡时注意用干燥消毒的毛巾局部覆盖脐部，以免洗澡水沾湿脐带；注意给新生宝宝用的尿布别太长，如果覆盖到了脐部，尿湿后尿液很容易渗到脐部污染伤口，造成脐部感染。除此，每天还要检查包扎的纱布外面有无渗血，如果出现大量渗血，则需要重新结扎止血。若无渗血，只要每天宝宝洗澡后用医用酒精棉签认真地从里至外擦拭脐带根部，等待其自然脱落。

第二阶段：脐带脱落之后。脐带脱落后脐窝内常常会有少量血性渗出液，此时仍需每天一次用酒精消毒，然后盖上消毒纱布。待伤口痊愈，宝宝肚脐里有时会存有一些黑色血痂，切忌去强行抠除，待宝宝长大自然会脱落干净。

> **特别提示：** 如果出现脐部红肿、湿润，新手爸爸妈妈就需特别注意了。此时可在消毒脐带时用酒精棉签轻轻拨开脐带根部，观察是否有灰白色脓水渗出物，再闻闻是否有腐臭味道。如果出现以上情况，需及时带宝宝去医院儿外科就医，以免新生宝宝的脐炎引发更严重疾病。

（二）保健要点

1. 健康检查

出生30～42天的宝宝要接受人生中第一次健康体检了。这次体检主要在医院儿童保健科进行，医生会通过检查宝宝的身长、体重、头围、胸围、囟门大小等指标判断他的发育状况。除此，还要检查宝宝的听力、视力、肢体及微量元素等。

（1）身长体重：宝宝身长体重的增长会因为母乳质量、喂养方式、睡眠情况的不同，而呈现个体差异。有的第一个月能长四五斤。如果长得太快，妈妈需要注意少吃些脂肪类的食物，降低乳汁脂肪含量；长得过慢，妈妈则需要调整自己的休息、饮食，争取提高母乳质量，让宝宝长得更快些。

（2）头围和囟门：头围和囟门一般在医院检查，只要大夫没有特别提示，就说明一切正常，家长无需担心。

（3）听力筛查：宝宝出生第2天时进行第一次听力筛查，如果此次筛查未通过，医院不会进行特别诊治，家长也不必过于担心，因为此时多可能是因为宝宝出生时耳道内羊水没有排出而影响检查结果，此情况多见于剖宫产的宝宝。除此，家长们也可以回家后仔细观察宝宝的反应，看孩子睡醒后是否能寻找声源，如妈妈的说话声、开关门的声音。宝宝出生第42天时进行第二次听力筛查，此次筛查需在宝宝困倦状态下进行，所以家长应做好准备。

（4）视力测试：一般用红色的、直径为10厘米的球在距离宝宝眼睛15～20厘米的地方晃动，检查宝宝是否会用眼睛追视。

（5）肢体检查：此时宝宝的胳膊、腿总是喜欢呈蜷曲状态，两只小手总是握着拳。

> **特别提示：**一般1岁以内宝宝的体检应该有5次，分别在宝宝满月或42天（不同医院有不同要求）、第4个月、第6个月、第9个月和第12个月时进行。

2. 免疫接种

宝宝出生24小时内会接种乙肝疫苗（1），满月后还要再接种乙肝疫苗（2）。出院前宝宝还会接种卡介苗，预防结核病。需要注意的是，接种卡介苗后2~3天，注射部位会红肿，并很快消失。两周左右注射部位再次红肿，并破溃形成溃疡，一般直径不超过0.5厘米，有少量脓液，然后结痂。痂皮脱落后留有疤痕，前后持续2～3个月。所以，在给宝宝洗澡、换衣服时应特别小心，以免感染伤口。除此，接种卡介苗3个月后，应到指定医院为宝宝做卡介苗接种测试（在宝宝手腕处做一针皮试，过三天后再去医院观察皮试反应），看看宝宝体内是否已成功产生抗体。

五、疾病预防

宝宝出生后，为了适应周围的环境，除发生一些特殊的生理现象外，还容易患一些常见疾病。

（一）新生儿的特殊现象

1. 生理性黄疸

大部分足月新生儿生后2～3天皮肤、巩膜出现黄疸，于4～5天最重，7～10天消退。早产儿可延迟至第三周才消退。此期间，新生儿一般情况尚好，吃奶、睡觉均很正常。生理性黄疸是一种正常的生理现象，家长不必惊慌。

2. 生理性乳腺肿胀及假月经

出生后5～7天的女婴，有时可见少量阴道出血，持续1～2天自止。出生后3～5天，男女婴均可以发生乳腺肿胀，如蚕豆至鸽蛋大小，多于出生后2～3周消失。这是由于出生后雌激素中断所致，出现这样的情况不必惊慌，也不必处理。

3. 马牙

有些新生儿在上腭中线附近及牙床上有白色颗粒状物，是正常上皮细胞堆积或出黏液潴留导致的肿胀，称为上皮细胞珠，俗称"马牙子"，经过数周会自然消退。对孩子吃奶以及将来出牙不会有什么影响。

4. 粟粒疹

有时新生儿的鼻尖和鼻翼两侧会出现黄白色如粟米大小的疹子，这是一种正常现象，是皮质堆积造成的，不久可自然消退。

5. 脐疝

新生儿脐带脱落后，脐带部位有突出腹外的腹腔脏器，脏器表面有一层透明的囊膜覆盖，囊膜上是脐带残端，这就是脐疝。新生儿哭闹、排便使得腹部压力增高，脐疝增大，睡眠、安静时，脐疝减小，甚至看不见。大多数宝宝1~2岁会自愈。如果脐疝过大，属于疾病范畴，则需手术治疗。

（二）新生儿常见疾病

1. 新生儿窒息

新生儿窒息是指宝宝出生时无呼吸或呼吸抑制，或是出生后数分钟出现呼吸抑制。新生儿窒息的发生率为10%左右，是新生儿最常见的症状。

原因：窒息的本质是缺氧。各种影响母体与胎儿之间血液循环和气体交换的原因，都会造成胎儿宫内窒息或娩出后新生儿窒息。

（1）母亲因素：妊娠高血压综合征、子痫、胎盘早剥离、急性失血、脐带绕颈、产程过长等。

（2）胎儿因素：新生儿出生后肺发育不成熟、严重的中枢神经系统及心血管畸形等。

表现：宫内缺氧时早期有胎动增加，胎心增快≥160次／分，晚期胎动减少至消失。新生儿娩出时的窒息程度可按照出生后1分钟内的Apgar评分来区别。0～3分为重度，4～7分为轻度。若出生后1分钟评为8～10分，数分钟后又降到7分以下亦属窒息。

防治：

（1）孕妇应定期进行产前保健，避免早产，对于有糖尿病、心肾疾患、妊高症等要及时治疗，产时进行胎心监护，及早发现胎儿宫内缺氧，产时做好复苏准备。

（2）由医生紧急进行新生儿窒息的复苏。

2. 新生儿感染性疾病

新生儿感染性疾病的发病率和病死率都比较高，早产儿和低体重儿尤其如此，新生儿容易患感染性疾病与其免疫特点有关。

原因：新生儿感染可发生在围产期的不同阶段或由不同的病原菌引起。如产前孕母患有感染性疾病，病原菌可以通过胎盘循环进入胎儿体内。产时，羊膜早破、产程延长可导致细菌上行性感染。产后，新生儿所处环境可造成感染，如家庭成员的直接接触以及飞沫感染。

表现：新生儿感染发生在不同的部位，或者由不同的病原菌引起的感染，其症状表现不同。常见的新生儿感染性疾病有：新生儿肺炎、新生儿败血症、新生儿化脓性脑膜炎、新生儿流行性腹泻、新生儿坏死性小肠炎、新生儿脐炎、新生儿破伤风、新生儿鹅口疮等。

防治：

（1）加强围产期保健的健康教育，孕后期孕妇应注意个人卫生，勿与患感染性疾病的人接触，尤其是患呼吸道感染的病人。

（2）与新生儿接触的人要加强消毒、隔离工作，护理新生儿前后应该洗手，防止患有感染性疾病的人与新生儿接触。

（3）对于发生腹泻的病儿，其粪便、尿布要妥善处理，严格消毒。

（4）对新生儿脐带残端的护理应严格无菌操作，换尿布时要保持脐部干燥、清洁。

（5）新生儿的各类感染性疾病都应该到医院由医生进行及时治疗。

3. 新生儿颅内出血

新生儿颅内出血大多是由于缺氧或产伤引起的早期新生儿最常见的严重疾病，在早产儿中尤为多见。

原因：新生儿凝血机制发育不成熟，血管壁脆性高，弹性纤维发育不良，容易出血。如果胎儿头过大、头盆不称、急产、臀位产、胎头吸引或产钳助产，容易使胎儿头部受压变形，造成出血。此外，缺血缺氧也是新生儿颅内出血的一个重要原因。

表现：根据出血部位和出血的多少而异。一般早期多呈中枢神经兴奋症状，如烦躁不安、脑性尖叫、拒奶、呕吐、痉挛、双眼直瞪、凝视等。晚期进入抑制状态，嗜睡、面色苍白、呼吸浅慢、全身肌肉松弛、反射消失，最终进入昏迷状态。

防治：

（1）新生儿颅内出血是需要医生紧急救治的疾病。使患儿保持安静、避免搬动、控制出血、降低颅内压等，是重要的救治措施。

（2）加强孕期保健是最根本的预防措施，降低早产儿及低出生体重儿的发生率，努力提高产科质量，减少难产所致的产伤和窒息。

六、运动健身

身体健康对于宝宝的成长来说至关重要，一方面宝宝要保持强健的体格，另一方面要更好地发展运动的协调性。人类各项神经活动的发育均有一定的规律。大运动能力的发展不仅反映宝宝的身体健康状况，同时也能反映出智慧发展的水平。大运动的发展是语言、认知等各项智慧发展的基础，大运动的发展带动了其他各个领域的发展。因此，为了能使宝宝的身体更加健壮，运动能力得到更好的发展，家长首先要了解各个月龄宝宝的运动能力所能达到的水平，并以实际水平为基础帮助宝宝发展大运动，促进他们的动作技能和协调性的发展。

（一）大运动发展的规律

一般来说大运动是指：全身姿势、平衡协调运动以及技巧动作。运动的发展遵循着从上到下、从近到远、由大到小的发展规律。

从上到下：婴儿最早发展的动作是头部的动作，其次是躯干，再次是四肢，最后是手和脚。任何一个婴儿在身体动作发展过程中，总是先学会抬头，然后是翻身和坐，接着是使用手臂，最后学会使用手和足部运动，从爬行到能够直立行走。一个不会抬头的宝宝，就一定不会走。

从近到远：婴儿动作的发展是以身体中部为起点，越接近躯干的部位，动作发展越早。以上肢动作发展为例，肩和上臂的动作首先发展成熟，其次是肘、腕的动作发展，手和手指的动作发展最晚。

由大到小：婴儿先学会由大肌肉收缩引起的大幅度的粗大动作，之后才学会由小肌肉收缩引起的精细动作。

大动作的发展既有连续性，又有阶段性，动作的发展是按照一定顺序出现的，每个动作的出现都有一定的时间范围。由于神经系统的成熟有一定的顺序，肌肉活动的发展有一定的顺序，那么动作的发展必然遵循一定的顺序，没有前面的动作，就不会有后面的动作。

婴儿大动作发展大致的顺序如下：1个月的婴儿俯卧时尝试着抬头；2个月的婴儿竖直时可以抬头；3个月的婴儿俯卧时能以肘支起前半身；4个月的婴儿扶着两手或髋骨时能坐；5个月的婴儿能伸臂抓住玩具；6个月的婴儿扶着两个前臂可以站得很直；7个月的婴儿会爬；8个月的婴儿会独坐；9个月的婴儿扶着栏杆可以站；10个月的婴儿推小车可以走两步；11个月的婴儿牵一只手可以走；12个月的婴儿会自己站；13～14个

月的婴儿能够独走；15个月的婴儿可以蹲着玩；18个月的婴儿会爬小梯子、上台阶、扔皮球；2岁的婴儿能够双脚跳离地面；3岁的婴儿会骑小三轮车等。

　　只有把握住婴儿动作发展时间和顺序规律，才能实施有针对性的科学的健身运动训练。

（二）0～1岁宝宝运动健身训练要点

　　宝宝从出生到满周岁，要成功地学会抬头、翻身、稳坐、爬行、站立和行走，这是一个多么大的进步。因此，成人一定要了解宝宝成长的动作规律，以便科学而适时地帮助宝宝学习，使他更健康地发展、成长。

1. 动作反射

　　宝宝一出生，就有活动能力和先天的动作反射。在宝宝出生大约一周以后，就会表现出一些学习运动的行为。1个月左右，如果你将宝宝腹部朝下放在床上，他的下肢便会作出爬行的样子，而且手臂也会呈现出像是要撑起来的动作，这表明宝宝的动作能力已经有了很大的发展。在新生儿阶段，家长要把握婴儿的先天动作反射，比如爬行、踏步、游泳等，并给以积极的刺激，这对孩子以后各项动作技能的发展水平有着重要的促进作用。

2. 抬头

　　1～3个月的宝宝俯卧抬头练习：在宝宝出生几天后，就可以进行俯卧练习，但1个月之内的宝宝俯卧时还不能自己主动抬起头，只会本能地挣扎，到2个月时能稍稍抬起头和前胸部，而到了3个月时，往往头能抬得很稳。这期间的一些进步，还需要成人的精心培养与训练。

3. 翻身

　　3～5个月的宝宝从仰卧到俯卧的翻身练习：从宝宝3个月起，成人就要对他的翻身进行准备与训练。翻滚训练可以促进宝宝全身肌肉的运动，对四肢的协调也大有好处。

4. 坐

4～7个月的宝宝从扶坐到独坐练习：一般来说，发育正常的宝宝出生4个月后，在成人的扶持下可短时间维持坐姿。到6个月时，便能抱坐于成人的膝盖之上，若独坐身体会向前倾，须用手支撑，大约7个月时，便可以自己独立地坐一会儿。如果发现宝宝到了6个月尚不会靠坐，8个月不会独坐，应及时带宝宝去医院检查。所以，成人务必掌握好时机，适时地对宝宝进行坐起训练。

5. 爬

8～10个月宝宝的爬行练习：专家认为，爬行不仅可以促进宝宝的生长发育，还能使动作灵敏、情绪愉快、求知欲提高、学习能力增强，可见，宝宝的爬行运动非常重要。爬行运动不仅可以锻炼宝宝的四肢耐力，而且能增强大脑的平衡与反应联系，而且这种联系对宝宝日后学习言语和阅读会有很好的影响。成人一定要让宝宝充分地练习爬行。

6 从站到走

10～12个月的宝宝从站立到行走练习：宝宝成长至10个月时，手与脚的动作大多已经能够很好地相互协调了，这时便可以对他进行站立训练。等宝宝站立很稳定以后，就可以开始对他进行学走的训练。要特别注意宝宝学走有早有晚，在训练过程中不要太强求，而且要关注宝宝自信心和独立意识的培养，给宝宝提供更多的机会，鼓励他自己尝试行走。

运动健身游戏

1. 抬头操

目的：促进颈部、背部肌肉发育，促使宝宝早抬头。

方法：

（1）俯卧抬头：宝宝吃奶前，俯卧在床上，两手放在头两侧，扶头至中线，用玩具逗引宝宝抬头片刻，边练习边说"小宝宝抬抬头"，同时用手轻轻抚摸宝宝背部，使宝宝感到舒适愉快，背部肌肉放松。

（2）竖直抬头：将宝宝竖抱起来，头部靠在妈妈肩上，轻轻抚摸宝宝颈部及后背，使其肌肉放松，然后不扶头部，让宝宝自然竖直片刻。每天5～6次。

（3）抬头操：

①预备姿势：宝宝俯卧于床上，成人在宝宝身后两手扶宝宝两肘，成人双手移向宝宝肘部并同时向中心稍用力。

②动作："一、二"两手位于胸下。"三、四、五、六"，使宝宝上半身抬起，头也逐渐抬起。"七、八"还原。

③第二个八拍动作同第一个八拍。

2. 蹬蹬脚

目的：锻炼宝宝脚踢的动作。

方法：妈妈将几件发响软塑玩具放在宝宝的脚边、腿边、手边，当宝宝运动时，碰到软塑玩具，玩具就会发出响声或优美的音乐声。有了这种经验，宝宝会常去踢腿、蹬脚或动胳膊，于是发展了蹬脚、踢腿等大运动能力。

> **特别提示：**做这个游戏时，选用的玩具要光滑或柔软，避免伤害到宝宝。

3. 学迈步

目的：利用宝宝先天的反射功能学习迈步。

方法：成人两只手分别托住宝宝两侧腋下，用两侧大拇指保护好宝宝的头部，让宝宝光着的脚接触床面或桌面，他就会做协调的迈步动作。动作要轻柔，边做边喊口令"一二一"，如果宝宝不愿意练习了，就要立刻停下来。

特别提示：这个游戏最好在出生后 1 周至 56 天之间做，因为 56 天之后，这种先天的反射就消失了。体弱的宝宝、早产儿以及有先天疾病的宝宝不宜做这个游戏。

4. 宝宝游泳

目的：锻炼宝宝全身各部位的肌肉。

方法：给出生 2 ～ 4 周的宝宝戴上大小适中的游泳圈，放于特制的塑料游泳浴缸中，让宝宝先接受和适应浴缸游泳，游泳的水温以35℃～39℃较为理想。宝宝游泳时一定要有家人陪伴。

由于宝宝在妈妈的腹中就是生活在羊水中，因此健康宝宝天生不怕水，这给宝宝学习游泳创造了条件。宝宝的触觉非常敏感，游泳使宝宝在水中进行全身运动，水和水压对宝宝的身体皮肤触摸，可激发神经、免疫和内分泌系统的系列良性反应。

5. 做做操身体好

目的：活动上下肢，促进宝宝四肢肌肉发展。

方法：宝宝出生半个月后，妈妈就可以学习轻柔地给孩子活动活动上下肢各部分的肌肉，做被动操。被动操包括：

（1）弯曲两臂肘关节——还原，做上肢屈曲运动。

（2）两臂胸前交叉——还原，做扩胸运动。

（3）两腿屈曲——还原，做下肢运动。

（4）两腿上举——还原，两腿轮流屈曲，做下肢运动。

七、智慧乐园

新的生命具有巨大的潜在能力，从出生开始到会说话、会走路，在短短两三年的时间里，其能力就已经超过了地球上所有其他物种，这确实是生命的最大秘密之一。

心理学家在经过深入细致的研究之后得出这样的结论：人的最初两年是人生整个旅程中最为重要的时期，更有一些心理学家从儿童出生后3小时起，就对其进行特别的观察，从而得出"人的个性的巨大发展在出生之时即已开始"的断言。由此便得出了一个结论：教育必须从出生开始。然而，在生命的最初几年，教育是什么？教育的内容是什么？教育就是帮助儿童发展先天的心理能力。

（一）游戏是开发智力的最佳工具

由于内在生命力的驱使，使儿童产生一种自发活动，由于活动而不断地与环境相互作用，从而获得经验，得到发展。而这种活动，我们往往称之为游戏。游戏对于儿童来说就是好玩，但是儿童的游戏会导致发展、促进学习，所以游戏是儿童发展和学习的过程。可以这样说：教育是环境，教育的内容通过游戏进行。

游戏对促进儿童生理发展起着重要作用：通过游戏活动使儿童中枢神经系统机能调整到最佳状态，从而可以调节大脑皮层过度的兴奋或疲劳。变化丰富、自由的游戏活动，能够经常改变姿势，使儿童不同部位的骨骼、肌肉轮流承担负担，紧张和松弛的状态得到轮换，同时使骨骼和肌肉得到充分的血液。

游戏对促进儿童智力发展起着重要作用：儿童在游戏中可以发展各种感觉器官和观察力，可以获得解决问题的经验。游戏过程是多种心理成分参加的，是一个比较复杂的心理活动过程，它包括对物体间的关系知觉、表象匹配、转换操作等，对促进儿童的想象和思维的发展有非常好的作用。游戏活动的指令、要求还可以帮助儿童理解文字、发展语言，促进儿童思维概括抽象水平的发展。

我们要关注促进各种智能发展的具体措施，善于发现每个儿童的长项和短项，给予充分的活动满足，促进协调发展。通过大量的由易到难、儿童能够接受、乐于参与的活动与游戏，让儿童在有兴趣的状态下游戏、活动，在无压力、无畏惧的环境下学习，这是开发智力潜能的重要原则。

婴儿期是人的大脑发展的关键时期，而大脑的发展是婴儿接受教育的物质基础。智力是大脑发育的集中表现，而游戏则是开发智力的最佳工具。成人可以寓教于乐，利用快乐的游戏教育宝宝，开发宝宝的感知、观察、注意、记忆、认知、思维、语言、想象以及生活能力等等，让宝宝在快乐的尝试和探索中获得心智的发展。

（二）0～1岁宝宝的智力开发

1. 语言

语言是人类特有的用来表达意思、交流思想的工具，是一种特殊的社会现象。语言是大脑发展状态和聪明程度的重要标志，语言文字是人类最重要的交际工具，因此，语言能力对儿童的发展至关重要。

人类的语言，在新生儿时期就已经开始萌发了，起初先会哭叫，以后逐渐咿呀发音。宝宝的语言交流，是从他的第一声啼哭开始的，以后逐步扩展到面部表情和手势，最后发展到语言交流。但是，早在宝宝说出第一句话之前，他就已经一直在倾听周围人说话的声音，并学会了辨别不同的表达方式。所以，对于宝宝的语言开发要从新生儿期开始，成人要经常与宝宝说话，每天都给宝宝读一些文字，宝宝就会建立起对他一生都有影响的阅读兴趣与习惯，使其语言能力的发展具有超前的能力。

在生命的第一年里，语言的发展要经历三个阶段：第一阶段是"0～3个月"，是简单发音阶段；第二阶段是"4～8个月"，是连续发音阶段；第三阶段是"9～12个月"，是学话阶段。

在第一个阶段，逗引宝宝发音，是开发语言能力的关键。2～3个月的宝宝已经有了语言的意愿，经常发出咿咿呀呀的声音，他们最喜欢听成人的说话声，成人应该经常用亲切温柔的声音与宝宝谈笑，要注意自己的口形和面部表情，让宝宝看清成人的口形，并使其感受到发音的愉快。当宝宝突然发出与成人相同的音时，他会异常高兴，但这是无意识的，不能保持稳定，容易忘记，所以，成人不能操之过急，要有耐心地去巩固宝宝无意识间发出的语音。

第二阶段的宝宝已经能够分辨不同人的声音，特别听到爸爸妈妈的声音会格外高兴，而且宝宝懂得说爸爸时看爸爸，说妈妈时看妈妈，还知道他们是自己最亲的人。从4个月开始，就要让宝宝练习发"爸""妈"的音，为以后说话打好基础。到了8个月左右，虽然宝宝还不会说话，但随着接触面逐渐扩大，宝宝常常会主动与他人搭话，而这种交流和"对话"，为宝宝创造了发展语言的良好条件。因此，爸爸妈妈可以人为地扩大宝宝与周围人的接触机会，以培养宝宝的语言能力。

到了第三个阶段，宝宝的理解能力已经大大提升，平时在与宝宝的接触过程中，要通过语言和示范告诉宝宝怎么做，以训练宝宝理解更多的语言。1岁的宝宝，已经历了一年的语言学习，不但会说"爸爸""妈妈""爷爷""奶奶"等称谓，还会使用一些单音节动词，如"拿""给""要""打""抱"等。不过，这时宝宝的发音还不太准，常常说出让人莫名其妙的语言，或用一些手势和姿态来表示。所以，这时的宝宝比任何时候都更需要爸爸妈妈在语言上给予帮助。

2. 认知

认知能力，是一种抽象的学习行为能力，但却是开发宝宝智力的重要途径。促进认知能力的发展，可以提升宝宝的学习能力，理解社会中的主客观关系，随着宝宝对周围世界的不断认知，其对外界生活的适应能力也逐渐增强。所以成人一定要重视。

人是通过各个感觉器官对事物接触而获得经验，多次的经验积累才逐渐产生智慧。新生儿通过感官把外界的信息不断地传递到大脑中去，使感官、大脑、身体、行动一一协调起来。在游戏中学习运用自己的身体和感官去领会周围的世界，从而促进其智力的发展。

宝宝刚出生时就已经具备视觉与听觉能力了，并且这个时候新生儿的视觉和听觉能力发育很快。因此，成人要为宝宝营造一个有利于视觉、听觉发展的良好环境，对新生儿的视听能力及早开发和训练。比如，宝宝的居室光线要柔和，可以将居室的窗帘换成彩色花布，在墙上贴几张画等。成人要经常用不同的音调和宝宝说话，亲切地呼唤宝宝的名字，尽量不要用特别大的突然发出的声响使宝宝受到惊吓。

宝宝4个多月时，视觉更加敏锐，远近都能看清楚了。而且，视觉辨别颜色的能力也基本与成人接近，对听觉、视觉的反应能力也更加灵活，因此可以进一步加强宝宝的认知能力训练。在日常生活中，成人可以反复教宝宝认识一些他喜欢的日常用品。还可以带宝宝到户外，多观察周围的景色或动物，多与人交流，以扩大宝宝的视野，锻炼他的视觉和听觉敏感程度。

另外，阅读能力的培养越早越好，从4个月开始，宝宝的头部可以稳定地竖立了，成人可以抱他一起看一些色彩鲜明、线条清晰的画册，以图为主的儿童读物都可以给宝宝看。在让宝宝阅读时，最好边看边用清晰、正规的语言说出图案的名称，同时让宝宝用手指去触摸图案，不要在意宝宝是否听懂，只要多次重复即可。

到了6个月，宝宝才真正察觉别人拿走自己的东西，而且强烈地反抗，这是认知能力发展的一大进步。6个月的宝宝记忆力发展也很快，成人要抓住时机，对宝宝进行适当的训练。宝宝一天中记忆力最好的时间是在睡觉前，这时给他讲故事或讲一些生活常识，便能获得理想的学习效果。而且，一些形象生动、有声有色、颜色鲜艳分明的东西也可以作为记忆的材料。这些都是宝宝感兴趣的形式，会让他在不知不觉中记住许多东西。

8个月时是宝宝认知的分水岭。这时的宝宝已经有对物体永久的认知，并且有一定的自我抑制力、抓取能力和良好的记忆能力。在这个时期，如果成人与宝宝游戏时，要经常让他摸摸你的脸、鼻子、嘴巴，然后拉起宝宝的手摸摸他自己的鼻子与嘴巴。对于身体部位的认知游戏，不但能增进亲子交流，还为培养宝宝将来认知能力打下良好的基础。

由于感觉器官的发展进一步协调，1岁的宝宝对事物的认识比过去更加全面了，他会模仿成人做家务劳动，还喜欢听成人夸奖他做得好。宝宝的记忆力有了进一步的发展，记忆时间延长，能记住一些事情，如玩具的玩法，吃饭和睡觉的地方，还能找到被藏起来的物品。宝宝已经能认识常见的三四种动物，能根据成人说出的身体部位名称指出相应的位置。这时期的宝宝注意力也有所发展，能集中注意2～3分钟，并能对感兴趣的物体进行积极的观察。宝宝的思维能力也有了更大的进步，喜欢反复地动手探索和尝试，寻找解决问题的办法。

3. 精细动作

手部的精细动作能表达婴儿幼小心灵及其微妙的变化，它是宝宝接触、感知、认识世界的重要器官。在婴儿时期，手的运动是全身活动的一个环节。婴儿手的动作出现在语言发育之前，所以有人认为婴儿的手比嘴早"说话"，婴儿是通过自己的小手来认识世界的。

手是人类认识世界、与他人交往的重要器官，但手的能力不是与生俱来的，手部的灵活运用要经过一个相当长的发育过程，并且，这个发育过程还要遵循一定的规律。新生儿时宝宝就具有先天的抓握反射，当成人伸出手指碰触宝宝掌心时，他会紧握住不放。一般1～2个月的宝宝，原本紧握的拳头就能慢慢张开，并试图去抓东西，但还不太会放手。2～3个月时，宝宝就"发现"了自己的小手，并开始尝试用这双神奇的小手，进行各种主动探索的活动。

3个月时是宝宝手部精细运动的分水岭。他经常会花很多时间把手翻过来调过去地看个没完没了，这是宝宝观察了解自己身体部位的最初探索活动。这时宝宝的手会经常张开，也可将放在手中的长棒握一会儿，还会用手去扒、碰、触桌子上的东西。宝宝在开始抓握时，往往是用小拇指的侧边握东西，然后逐渐发展到大拇指的侧边，最后再发展到用手指握东西，也就是说，手的精细动作的发展，是从小拇指的侧边趋向大拇指的侧边的。

6个月的宝宝，慢慢发现自己双手的妙用，不再仅限于握紧小拳头，这时的他会吮吸手指，用手紧握住手中的玩具，甚至还会用双手摆弄玩具，转到手腕仔细观察玩具的四周。这时宝宝对玩具能倒手，能够准确抓握，并能够在模仿敲击、摇晃玩具的基础上，开始发现双手共同的配合活动。

"手指是人类的第二个大脑"，由此可知，它与大脑的活动关系非常密切。随着宝宝月龄的增加，他的大脑对手部肌肉的控制也越来越好，能够完成更为复杂的动作了。这时爸爸妈妈要为宝宝提供一个可以伸手就能拿到东西的环境，以促进宝宝手脑协调发展。宝宝在各种游戏中逐渐提升了手部精细动作的能力，半岁到满周岁期间，他从能够捏起很小的糖丸到能将小丸放入瓶中，从能简单摞高到能搭四块积木，从用小手抠洞到可以拧瓶盖。宝宝的精细动作能力有了显著的提高，大脑的发育和认知能力的发展也实现了飞跃。

益智游戏

1. 看和听

目的：发展宝宝的视觉和听觉。

方法：

（1）宝宝睡醒以后，成人用一个鲜红色的玩具，比如红色的绒布娃娃等逗引宝宝，看宝宝有无视觉反应。当宝宝看到玩具时，宝宝会盯住看，这时，成人再把玩具慢慢地移动，让宝宝的视线追随玩具移动，这样一直逗引宝宝玩耍2～3分钟。

（2）成人把摇铃放在宝宝的一侧摇晃，节奏时快时慢，音量时大时小，但音量不要过于强烈。注意不要让宝宝看到摇铃，让宝宝用眼睛寻找声源。

2. 小手会握

目的：刺激宝宝手部的动作反射，发展宝宝的动作能力。

　　方法：宝宝一出生就有抓握反射，如果成人用两个食指从宝宝的五指伸入手心，宝宝会握住成人的手指，这时你可试着将宝宝提起，就会发现宝宝可被你提到半坐位，最棒的宝宝可完全握住你的手指使整个身体离开小床。还可用花环棒、笔杆、筷子之类的物品让宝宝试握。

　　宝宝抓握的这种本领是无意识的，经常与宝宝做此游戏的目的只是在于发展宝宝小手的运动能力。

3. 手指按摩

　　目的：刺激宝宝的神经末梢，有助于宝宝大脑发育及手指灵巧。

　　方法：妈妈在给宝宝喂奶时，可以用一只手托住宝宝，用另外一只手轻轻按摩宝宝的手指头。这种按摩可刺激宝宝的神经末梢，促进血液循环，发展宝宝的触觉感知，有助于大脑的发育和手指灵活度的发展。

八、情商启迪

　　哈佛大学心理学博士丹尼尔·戈尔曼说："孩子的未来20%取决于智商，80%取决于情商。"美国著名的企业家、教育家戴尔·卡耐基也曾说过，一个成功的管理者，专业知识所起的作用占15%，而交际能力却占85%。西方的一些心理学家各自从不同的角度对情商进行了研究，大量的研究显示，一个人在校学习成绩优异（智商高）并不能保证他一生事业成功，而一些情商很高的人则成功的几率也高。现实生活中，我们可以明确地感受到：成功的管理者或企业家都具有很高的情商。既然情商对人生的发展如此重要，而且情商是后天可以逐渐培养的，我们更应该根据婴儿发展的各个阶段的特点，为他们提供良好的情商塑造环境。

　　情商（EQ）是 Emotional Quotient 的英文缩写。它的汉语意思是情绪智慧或情绪智商，简称为情商（EQ）。情商是伴随着人的身心发展和交往活动的发展而变化的。在各个不同的年龄发展阶段，人们的情商发展水平和表现形式也不相同。如果能科学、及时、有效地培养孩子情商中的某些能力，其他能力也会像滚雪球一样随之得到提高。越早培养孩子的情商，越有助于孩子社会交往能力的发展。

6岁以前的情感经验对人的一生具有恒久的影响，一个儿童如果此时情商出现问题，以后面对人生的各种挑战将很难把握机会、发挥潜力。0~3岁宝宝的情商培养尤为重要，了解自我和他人的情绪，控制情绪，表达与分享感受，解决冲突，人际沟通，敢于拒绝，接受改变，适应环境，分析、推测和决定事情的技巧等等这些技能，是将来成为品学兼优的孩子应该具备的素质之一。

（一）0~1岁宝宝的行为特征与情绪反应

1. 哭泣

对于新生儿来说，哭泣几乎是唯一表达和与人交流的方法。当宝宝肚子饿了、尿湿了，感觉到冷了、热了，或者想睡觉了、不舒服了的时候，宝宝都会哭泣。

有时妈妈不知道宝宝为什么会哭，所以当宝宝哭泣时，要细心观察，找到宝宝哭泣的真正原因，积极满足宝宝的要求或及时调整宝宝的状态，多哄哄，宝宝就会安静下来。

一到了傍晚，宝宝就开始哭，而这个时候正是妈妈忙着家务的时刻，所以无法完全陪伴宝宝。不妨把宝宝放在可以看到妈妈的地方，或尝试背着宝宝做家务。

2. 微笑

初生时宝宝常会出现所谓的自发性微笑，在睡觉时，也会微微地笑着，这是宝宝安详、舒服的表示。到了两三个月大时，宝宝开始出现社会性的笑，当宝宝的视线和妈妈相对，或是看到摇晃的窗帘等，就会笑出来，人一逗弄也会发笑，而且开始啊、噢、嗯地讲话。到了6个月左右，宝宝能区分陌生人和熟悉的人，能对熟悉的人微笑，表达亲昵或要求。1岁左右的宝宝已经能用笑正确回应事件，表达自己的愉快情绪。

当与宝宝游戏时，他会展现一连串的笑容，有时还会发出笑声来。在哺乳过程中，宝宝有时也会暂时休息一下，看着妈妈微笑。此时妈妈应该逗弄宝宝，或是咿咿呀呀地和宝宝对话。

3. 摇抱

这时期的宝宝，渐渐体会被抱着的舒服感觉，非常喜欢被成人用毛巾被包起来抱在怀里，或是抱着摇一摇。妈妈一边唱摇篮曲，一边抱着宝宝摇，宝宝就会很高兴。偶尔抱着宝宝一边逗弄，一边移动，宝宝会更加高兴。宝宝也很喜欢东看看、西听听。所以，直立抱着宝宝，让他的视野宽广一些，能看到更多的事物与空间，宝宝的情绪会很好。

这个时期，妈妈有时会抱怨宝宝一放下来就哭。其实，等宝宝会独坐，能玩自己的手或者玩玩具时，被抱着的时间就会逐渐减少了。妈妈无须为养成宝宝要人抱的不良习惯而特别担心，应该充分地抱抱他，给宝宝以安慰和安全感。不过，因忙碌而无法抱宝宝时，让他哭一会儿也无大碍，宝宝也要慢慢学会等待和控制情绪。

4. 动作

这时期的宝宝喜欢吸吮自己的手指或拳头，这是一种满足的表现，也是一种成长的证明。宝宝能够联结着自己的手和口，是使情绪稳定下来的方式，成人最好不要去制止他，应该更高兴地照顾他。宝宝还常常把小手拿到身体的中央来，会因发现小手的存在而目不转睛。对这时期的宝宝而言，手是一种充满趣味的玩具。

接近1岁的宝宝，开始模仿成人的动作，妈妈显然成为宝宝模仿的对象之一。妈妈不妨和宝宝一起站在镜子前，动一动他的小手，会使他很高兴。

1岁左右的宝宝会用身体语言来表现喜悦，高兴时手舞足蹈，也会用动作表示不需要或者不高兴，比如摇头、甩手、踢脚、扔东西等。妈妈要及时给以回应，帮宝宝调整情绪。

5. 态度

渐渐地，宝宝会表露出自己想要做某件事的明确态度，比如，看到工具或电器时，很想去摆弄，当成人告诉他不能摸并阻止他时，宝宝会发脾气。此时，如果存在危险，就把宝宝抱开，且对宝宝说清楚，"这是危险的东西，宝宝不能动"，与此同时，另外拿个好玩的玩具给他，转移他的情绪。

宝宝对周围事物充满好奇心，不管是什么东西都要摸摸，有时还会弄得杂乱不堪。但也不能因为这样，就什么东西都不让宝宝碰，不想让宝宝摸的东西，应事先收拾好，给宝宝一个可以自由活动的空间，或者准备一个宝宝专用的抽屉或箱子，里面放置一些宝宝感兴趣的玩具、日用品等。

（二）0～1岁宝宝的心理特征与情绪反应

1. 初生的表达

在母体中，胎儿不必做任何事情就可以得到满足，胎儿表现的相对

"平静"。出生之初，经过产道的挤压或剖宫产，新生儿脱离了温暖舒适的，养分充足的母体环境，不十分适应大气的压强和空气的温度，新生儿的第一声哭叫，就是对这种不适应或不舒服的表达。没有了胎盘的供养和母体内适应的温度，新生儿会饿、会冷、会热、会不舒服，他只能用哭声来表达，满足了，舒服了，就安静了；没有满足，身体不适，就会痛苦。

2. 爱的呼唤

母亲在产后尽早地搂抱宝宝，并实施母乳喂养，是造就宝宝良好人格的出发点。宝宝吃奶时，刺激母亲乳房，会增加母亲的母性意识，唤醒母爱，从而使宝宝获得更多的安全感和爱的感受。

对于新生儿来说，父母充满爱意的抚摸与食物是同等重要的，大多数父母会本能地给予孩子爱抚。父母对孩子的爱是不带任何条件的，是一种无私的关注和奉献，这就等于对宝宝说："我爱你，因为你是我的孩子，和我血肉相连，无论你所做的一切是怎样的，让我开心或是让我忧伤，我都永远爱着你。"父母对孩子的爱，婴儿是能够感受到的，这也是孩子相信爱，懂得爱，理解爱必不可少的根本，是婴儿心理发展并最终趋于成熟的健康成长过程中的先决条件。

3. 适应周围环境

宝宝开始渐渐适应周围的环境，与父母或照看人互动。所有的宝宝都是独特的、个别的，每个孩子的身体情况和心理需要，每时每刻都不相同。父母必须很敏感地对宝宝发出的各种讯号有所反应，依个体孩子吃、喝、拉、撒、睡的规律性，安排合适的作息时间表，以符合他的个别需要。婴儿喜爱搂抱和抚摸等的身体接触，这也是一个感官和动作的经验，透过这些有反应的互动，宝宝发展出爱的感觉，并感受到周围有规则的世界。

4. 各种情绪萌芽

初生的宝宝，只有恬静和激发两种不同的情绪状态。随着年龄增长，情绪逐渐开始分化，发展出愉快、生气、得意、失望、惊讶、恐惧、厌恶、愤怒和爱等多种情绪反应。

婴儿与社会接触的最初几个月里，他们就已经学会与人互动，常发出各种沟通性的声音和动作，他们很喜欢听到别人说话和各种不同的声音。婴儿可以辨别熟人与陌生人，当看到熟悉的人时，有愉快的表情；当看到陌生人时，有恐惧的表情。当你紧紧抱着宝宝时，他会因享受着温暖的身体接触而愉快地微笑或安静下来。当有玩具或者杯子等突然掉到地上的时候，宝宝也会表现出惊讶的情绪。自己的要求被控制或不能达成愿望的时候，会表现出生气或者愤怒的情绪。

在六个月到一周岁之间，婴儿开始理解周围的事情，并且用相当明确的方式表达自己的情绪，在他不断对周围环境的探测过程中，激发起了他希望懂得更多的欲望。这个时期的宝宝开始懂得，他是一个与母亲分开的独立个体，并且深深地意识到，自己的生存依赖着母亲。这时他体验到第一次恐惧——妈妈会离开他——他明显地表现出"分离焦虑"。这种恐惧在宝宝8～10个月时达到了顶点。

5. 人际关系

研究者指出，人类生命中的第一年是孩子成长过程中建立人际关系最重要的时期。作为父母，必须适时满足婴儿的各种基本生理需要（如饿了、尿布湿了、冷了、不舒服了或寂寞了等等），他才能信任未来的人际关系。

随着不断与父母的接触和互动，婴儿开始发展他们第一个正向的、有"爱"的人际关系。信任和安全感，就是在婴儿期发展出来的正向经验。因此，如果希望宝宝能信任我们，我们就必须了解他们气质和生活规律，很快地回应他们的情绪。

父母对孩子的表达给予和谐适当的反应，也是在鼓励和帮助孩子发展语言和沟通能力，即使这时的宝宝还不懂得大部分语言的含义，但他们已开始通过感官体验和动作行为来理解他人的意图和情绪，以达到沟通的目的。

（三）0~1岁宝宝的情绪管理

1. 适当的回应

这时期的宝宝情绪基本平和稳定，偶尔大哭，原因可能是生理上得不到满足，如想睡觉、肚子饿或身体不适等。所以父母适当的回应，及时满足宝宝的需求，令宝宝觉得安全、舒服，宝宝的情绪就不会有太大波动。

2. 关爱和保护

这时期的宝宝容易受惊吓，出现恐惧的情绪。例如，在他身边大声喊叫或爆发突如其来的巨大响声，就会使他受到惊吓，产生恐惧情绪。对自己不能理解的事物感到害怕，觉得无助，也会产生恐惧的情绪。父母要注意宝宝周围的环境，尽量避免宝宝受到惊吓。如果宝宝出现恐惧的情绪，父母可以通过与宝宝身体的接触，如抚摸、紧抱等动作，令宝宝感受到别人的关注和爱护，逐渐安静下来。

3. 习惯的培养

每个婴儿都有个性，有自己独特的行为特征，父母千万不要与其他小孩做比较，人云亦云，忽略了自己宝宝的真实需求，那样只会导致婴儿适应周围环境能力减弱，没有安全感，不利于发展婴儿的情绪智商。这时期的宝宝在日常生活中吃、喝、拉、撒、睡的习惯培养尤为重要。

帮助宝宝建立正常的作息规律，明确宝宝在什么时候，有什么样的情绪反应，表达怎样的感受，这样父母就容易掌握其情绪变化的原因，也就能够对宝宝的情绪作出正确的回应。使宝宝能够经常得到悉心的照顾，更对宝宝学习正确表达情绪提供了良好的环境刺激。

4. 榜样的力量

有怎样的父母，便有怎样的子女。父母是孩子长期学习的对象。婴儿在日常生活中，看到父母如何对事情作出情绪反应，如何待人接物，他们就会模仿，当类似的事情发生时，婴儿就会有意无意之间作出同样的情绪反应。因此，如果希望宝宝有正确的情绪反应和良好的行为表现，一定要"以身作则"，树立一个好的榜样。

5. 亲子沟通

沟通是父母和孩子之间建立亲子关系的最直接的桥梁，也是培养婴儿学会人际交往的重要方式。据研究显示，一个孩子若经常地与照顾他的人交流（包括语言、行动），长大后便会对任何事情都反应热烈，喜欢与人沟通。

当婴儿最初学习说话的时候，他们只能发出一些不连贯的，无明确意义的声音，同时夹杂着手势、表情及动作来表达他们的需要及感觉，而父母只要多注意孩子的行为、动作，最终亦不难了解他们想表达的意思，渐渐地父母与孩子间便能够顺畅地沟通。父母对孩子的理解会促进宝宝沟通的欲望，培养宝宝良好的交往意识，使宝宝学会通过沟通解决问题。

情商游戏

1. 看一看

目的：增加宝宝与亲人间的情感交流。

方法：宝宝在完全清醒的状态下，成人抱着宝宝，面对面，微笑着对宝宝说话，宝宝这时会看着成人的脸。成人要慢慢把脸移向一边，让宝宝的眼睛随成人的脸移动，左右来回移动两三次。成人的脸和宝宝眼睛之间的距离大约在20厘米左右。

2. 好舒服

目的：增加宝宝与亲人间的情感交流。

方法：成人要经常和宝宝亲切地说话，向他露出微笑，一边说话一边抚摸他的小手、小脚、小指（趾）头、手掌、手背、手腕，宝宝会非常开心。对于刚出生的宝宝来说，只要醒着，成人就要陪在他身边照顾他，和他交流。

3. 说悄悄话

目的：经常给予宝宝听觉刺激，能够为宝宝储存语言信息打下良好的沟通基础。

方法：宝宝醒来时，成人用柔和的语言问候他，比如："宝宝，早上好！宝宝真高兴，睡得好香啊！"成人在给宝宝喂奶时，还可让宝宝听听音乐或给宝宝哼一些儿歌。在宝宝快要入睡时，轻轻地吟诵摇篮曲。该游戏可以在宝宝出生15天开始进行。

九、玩具推介

新生儿已经具备看和听的能力。出生1个月的宝宝能看清距离眼睛20厘米的物体，而且更容易看见亮度高的物体，所以应该为宝宝选择红色和色彩鲜艳的玩具，红球、彩环、彩色气球等。还要为1个月的小宝宝选择能发出柔和声响的玩具，如花铃棒、摇铃等，以促进其听觉能力的发展。

十、问题解答

1. 妈妈奶水少怎么办？

（1）勤喂奶。妈妈可以尝试抽出 1～2 天的时间，什么事也不要做，专心喂奶和休息，且每次喂都尽可能让宝宝吃的时间长一些。爱睡觉的宝宝，需要妈妈不时把他轻轻唤醒，鼓励他吃奶。

（2）两侧哺乳。每次喂奶，换侧约 2～3 次，这样既可引起宝宝吸奶的兴趣，又可同时刺激两侧乳房奶水分泌，保证宝宝吃到充足的母乳。一般都是宝宝在一侧吃 5～8 分钟，换侧后再吃上 2～3 分钟。

（3）只吸妈妈的乳房。母乳喂养宝宝，一定只让宝宝吸吮妈妈的乳头，不要再让他吸奶瓶或安慰奶嘴，以免他吸惯了奶嘴，反而不要妈妈的乳头了。如果要给宝宝补充一些其他食物，试着用汤匙。

（4）坚持母乳喂养。避免所有的辅食、开水和果汁，坚持只喂母乳，这样就可刺激母乳分泌，当宝宝的需要量增加时，母乳也会更加丰富。

（5）休息与放松。妈妈和宝宝一起睡个午觉，洗个热水澡，听听轻松的音乐，做做轻缓的亲子运动等等，都有利于奶水的增加。

（6）坚定信念，保持心情愉快。奶水不足的妈妈一定要坚定自己能用乳汁喂养宝宝的信念，在哺乳时要保持心情愉快，心情愉悦能刺激乳汁的分泌。

（7）注意营养均衡，食用一些能帮助下奶的食物。妈妈的饮食要营养均衡，食用含有丰富的维生素和矿物质的食物，同时可食用一些菜肴，如：花生煲猪蹄、红糖小米粥、鲫鱼汤、黄花菜等可帮助下奶。妈妈还要多注意喝水和增加流质食物，因为当妈妈摄入的水分不足时，乳汁的分泌量也会减少。

（8）可适当增加一些运动。如扩胸、转体等。

（9）适当按摩乳房。从乳房的底部向乳头方向疏捋，动作要轻柔，力量要适度。

2. 宝宝衔不住乳头怎么办？

妈妈的乳头过小、过短，都会使宝宝衔不住乳头，造成喂奶困难。宝宝尝试着衔几次，再衔不住就开始烦躁、哭闹，妈妈和宝宝都会累得筋疲力尽，可以试用以下办法解决：

（1）每天用食指、中指、拇指三个手指捏起乳头，向外牵拉，每下至少坚持拉一秒，每次拉30下左右，每天拉至少4次，在喂奶前拉效果更好。

（2）用吸奶器吸引乳头，每次吸住奶头约半分钟，连续5～10次，每天至少重复两遍。

（3）让大一点的宝宝帮助吸吮乳头，也可让爱人帮助。

（4）喂奶时用中指和食指轻轻夹住乳晕上方，使乳头尽量突出，也能防止乳房堵住宝宝口鼻。

3. 母乳喂养的新生儿还需要喂水吗?

联合国儿童基金会新近提出的"母乳喂养新观点"认为,一般情况下,母乳喂养的宝宝,在4个月内不必增加任何食物和饮料,包括水。

母乳含有宝宝从出生到4个月龄所需要的蛋白质、脂肪、乳糖、维生素、水分、铁、钙、磷等全部营养物质和微量元素。母乳的主要成分是水,这些水分能够满足宝宝新陈代谢的全部需要,不需额外喂水。

4. 宝宝吃奶没长性是什么原因?

宝宝吃奶没长性,可能有如下原因:一是妈妈乳量不够,宝宝吃吃睡睡,睡睡吃吃。二是人工喂养的宝宝,由于橡皮奶头过硬或奶洞过小,宝宝吸吮时用力过度,容易疲劳,吃着吃着就累了,一累就睡,睡一会儿还饿。对于那些吃奶没长兴的孩子,可以试着用以下办法解决。

(1)妈妈奶量不足,喂哺时要用手轻挤乳房,帮助乳汁分泌,宝宝吸吮就不大费力气了。增加妈妈乳汁的方法前面已经谈到过.

(2)人工喂养宝宝,确定奶嘴洞口大小适中的办法,一般是把奶瓶倒过来,奶液能一滴一滴迅速滴出。另外,喂哺时要让奶液充满奶嘴,不要一半是奶液一半是空气,这样容易使宝宝吸进空气,引起打嗝,同时造成吸吮疲劳。

(3)如果母乳充足,宝宝却吃吃睡睡,妈妈可轻捏宝宝耳垂或轻弹足心,叫醒宝宝再喂奶。

无论母乳喂养还是人工喂养,宝宝吃奶后能安睡2~3小时,就表示正常。

5. 新生儿不吃母乳怎么办?

新生儿不吃母乳最大的可能是：宝宝刚出生的时候，妈妈没能及时给宝宝喂母乳，而是先用奶瓶喂了配方奶，那么宝宝很快(一般也就3天左右)就适应奶瓶和配方奶了，让他换吃母乳，反倒不适应了。

预防新生儿不吃母乳的办法：新生儿刚从母腹出来，最初半小时是很关键的。要尽快把宝宝放入妈妈的怀中，让宝宝听到妈妈的心跳，感受妈妈的体温和熟悉的气味，宝宝就会感到莫大安慰，会产生再度与妈妈结为一体的心理渴望。这时妈妈把乳头给宝宝，小家伙一定会拼命地吸吮。妈妈的初乳不仅能给宝宝提供大量的免疫物质和丰富的营养素，而且能满足宝宝想接触妈妈乳房的需要。

解决新生儿不吃母乳的办法：如果开始已经喂了配方奶，一旦妈妈能喂母乳了，就一定想尽办法让宝宝吃母乳。开始拒绝不要紧，宝宝会哭，这时妈妈就要狠狠心，坚持母乳喂养。一次吃不多没关系，多吃几次，只要妈妈坚持，宝宝很快就会适应母乳的。

2个月的宝宝

2 GE YUE DE BAOBAO

一、发展综述

出生2个月的宝宝和新生儿时期相比，对外界的适应能力要强得多。

这一阶段的宝宝开始显示昼夜规律，晚上睡眠时间可延长到4～5小时，白天觉醒时间渐渐地开始有规律。这一阶段是让宝宝养成白天觉醒，夜里睡眠的好时机。成人可以在白天多带宝宝外出活动，晒晒太阳，夜里创造一个良好的睡眠环境，促进宝宝养成好习惯。

哺乳的规律性也逐渐建立，与妈妈的关系较为默契。妈妈可尽量给予宝宝生理上的舒适感和心理上的安全感，定时为宝宝唱歌，可以唱一些既简单又好听，宝宝将来很容易学会的歌。可以一边唱一边按节拍轻轻地摇晃。还可以经常和宝宝逗乐，做鬼脸给宝宝看，让宝宝发出"哈哈"的大笑声。成人经常笑出声音，宝宝就会模仿着放声大笑。这些行为会促进宝宝社会化的发展。家庭所带给宝宝的自在与信任感，能让宝宝今后的人格得以健康发展。

2个月的宝宝，头部可逐渐抬起，家长可用一些带响的或色彩鲜艳的玩具在前面逗引，让宝宝练习自己抬头。抬头动作从抬起45度到90度，逐渐稳定。2个月的宝宝一般头能抬到45度，个别宝宝可达90度。2个月时宝宝能看清眼前15～30厘米内的物体。能注视物体了，视觉集中的现象就越来越明显，喜欢看活动的物体和熟悉的人的脸。宝宝哭泣时，如果周围发出响声或抚慰声后，就会立刻停止哭泣。

这一阶段的宝宝虽然已经比新生儿时适应能力增强，但还需要重点保护。

二、身心特点

（一）体格发育

1. 身长标准

男童平均身长为58.1厘米，正常范围是55.5～60.7厘米。

女童平均身长为56.8厘米，正常范围是54.4～59.2厘米。

2. 体重标准

男童平均体重为5.2千克，正常范围是4.3～6.0千克。

女童平均体重为4.7千克，正常范围是4.0～5.4千克。

3. 头围标准

男童平均头围为39.7厘米，正常范围是38.7～41.0厘米。

女童平均头围为39.0厘米，正常范围是37.7～40.2厘米。

4. 胸围标准

男童平均胸围为39.7厘米，正常范围是37.8～41.7厘米。

女童平均胸围为38.8厘米，正常范围是37.0～40.6厘米。

（二）心理发展

1. 大运动的发展

2个月的宝宝仰卧位时头可以自由转动，俯卧位时抬头可达到45度左右。竖直抱时，头部可以挺立几秒钟至1分钟。

2. 精细动作的发展

2个月的宝宝手经常握拳，有时张开，这是以后抓握物体的基础。此时宝宝的两手偶尔能握在一起。

3. 语言能力的发展

2个月的宝宝听到声音时，能转头寻找声源。这时期成人要经常与宝宝说话，宝宝会有表情反应。

4. 认知能力的发展

2个月的宝宝能够注视红球，并随着红球的移动转移视线。宝宝可以缓慢注视手中的物品，并跟随物品上下移动视线。

5. 自理能力的发展

此时期是宝宝养成良好的生活规律的初始阶段，成人要用心关注宝宝的睡眠、饮食、大小便习惯。

三、科学喂养

（一）营养需求

微量元素包括：必需微量元素（碘、锌、硒、铜、钼、铬、钴、铁）、非必需微量元素（锰、硅、硼、钒、镍）和摄入过多会引起中毒的有毒微量元素（氟、铅、镉、汞、砷、铝、锡）。微量元素在生物体内须保持一定的浓度范围才有益于健康,缺乏将引起机体生化紊乱、生理异常、结构改变、导致疾病,过量则可能产生不同程度的毒性反应以致中毒,甚至死亡。

1. 铁

初生至4个月内的宝宝,体内有一定铁储存。4个月后体内储存的铁逐渐耗尽,应开始添加含铁丰富的食品,如蛋黄、强化铁的婴儿米粉、动物肝脏。

2. 锌

锌是核酸代谢和蛋白质合成过程中重要的活性成分,婴幼儿期间缺锌会导致食欲不振、味觉异常、异食癖、生长发育迟缓、大脑和智力发育受损等。新生儿体内没有锌储备机制,需要由食物供给。母乳中的锌生物利用率高于牛奶,海产品、肉禽等动物食品锌含量及利用率均较高。

然而微量元素过多也会引起机体功能失调,如铁过多会使胰腺功能减退而导致糖尿病。所以,各微量元素均衡才是最有利于健康的。

3. 维生素 D

缺少维生素D的宝宝,容易患佝偻病。维生素D的主要来源是太阳光,它会刺激皮肤,使其产生维生素D。有资料表明,如果暴露着皮肤晒太阳,每1厘米皮肤在半小时内可产生20个国际单位的维生素D。天然食物中维生素D的含量并不多——母乳中含有D4～100单位/升,牛乳中含有3～40单位/升,蔬菜和水果中含量极其少,不能满足宝宝生长发育的需要。冬春季节,日照时间短,此时出生的宝宝难以接收充足的紫外线照射,不能使体内合成足够的维生素D,易患佝偻病。早产儿、多胎儿、奶粉喂养儿,可以在出生2周后补充维生素D,母乳喂养儿可在出生1月后补充。注意,此阶段每日需求量为400个国际单位,需要在医生指导下服用,以免过量造成中毒。人工喂养儿如果使用配制好的婴儿配方奶粉(生产商已经在其中添加了需要补充的东西),宝宝所需的全部维生素就都能够得到满足。

(二)喂养技巧

1. 宝宝吃奶时间巧安排

从这个月起,最好能够规律宝宝吃奶的时间。一般每次喂哺间隔3～4个小时,每天喂5～6次,并且在大致相同的时间里喂。

在此时期,每次哺乳量约在120～160毫升,一次要花费15～20分钟。如果宝宝吸吮半小时以上不松口,或才吃完奶不到1小时又闹着要吃奶的话,应怀疑是否母乳不足。母乳不足的话,可以采用混合喂养的方式,但是在早上、中午、睡觉前以及夜间最好是让宝宝吃母乳。采用混合喂养的宝宝,还有那些不喜欢喝牛奶、奶粉的宝宝,不要用硬灌的方法让其把奶瓶里的奶喝光。可以在宝宝十分饥饿的时候喂奶粉,这样宝宝就会慢慢接受奶粉了。混合喂养和人工喂养的宝宝,可以喝菜汤和少许与温开水以1:1比例稀释过的鲜榨果汁,或选择市场上出售的100%纯天然果汁饮料,必须是不含防腐剂,不添加其他原料,兑水比例为1:5,品种和量可以适当地增加,以满足宝宝对维生素和矿物质的需要,一般每日2次,在两次哺乳间喂。

2. 按需哺乳

2个月的宝宝,基本可以一次完成吃奶,吃奶间隔时间也延长了,一般2.5～3小时1次,一天八九次。但并不是所有的宝宝都这样,有的时间间隔短些大约2个小时就需要吃1次,有的间隔时间长些,大约四五个小时才吃1次。但如果一天吃奶次数少于5次,或大于10次,就应向医生询问或请医生判断是否是异常情况。有的食量大且消化能力好的宝宝晚上还要吃4次奶,这也很正常。

（三）宝宝餐桌

一日食谱参照

（1）主食：母乳。

餐次及用量：每3小时1次，夜间减少1次，每次喂120～160毫升（上午：6：00、9：00、12：00；下午：3：00；晚上：6：00、9：00、12：00）。

（2）辅食：

①温开水或淡糖水：每次35～60毫升，在白天两次喂奶中间喂。

②浓缩鱼肝油：1滴／1次，1次／日。

四、护理保健

（一）护理要点

1. 吃喝

★容易呛奶

宝宝满月后吸吮力增强，妈妈的喂奶姿势也比较自然了，从此进入了良性喂养的阶段。但喂养问题还是不少。此时，妈妈的奶量足了，有时还会有奶水从乳头里喷出来，噎得宝宝直躲，有的时候甚至还会噎得宝宝哇哇大哭。如果遇到这种情况，可以用食指和中指夹住乳晕部分，以减少奶水的流量；或者干脆先挤出一部分奶水，以缓解奶水太冲的问题。

★有效防止吐奶

由于宝宝吃得急且量多，特别容易吐奶。不妨试试以下方法：每次宝宝吃完后都慢慢地将他竖抱起来，一只手掌弯成空心状轻轻地拍他后背直到打嗝为止；注意应在宝宝吃奶前换尿布，吃奶后尽量别翻动他；吃奶后一小时内别给宝宝洗澡。但如果宝宝吐奶比较严重，表现出食欲不振，精神萎靡，且影响身长体重的增长，就要引起父母重视，考虑带宝宝看医生了。

2. 拉撒

★查尿量知奶量

这个月的宝宝尿量有所增加，但次数与新生儿时期可能没有多大变化。妈妈仍然要数数尿布，如果一天尿不够6次的话，可能就是奶量不足。如果通过努力催乳，母乳还是难以满足宝宝的胃口，就得考虑给宝宝加奶粉了。

★观大便知健康

大便反应了宝宝的健康和妈妈的饮食情况。如果宝宝大便有泡沫，妈妈就要控制甜食的摄入量；如果大便太稀，妈妈就得控制脂肪的摄入，并且多吃胡萝卜，而且争取不吃凉性的果蔬，如梨、橙子、苦瓜等；如果宝宝的大便发绿，可能是未吃饱（就是"饥饿便"）或者是小肚子着凉了，需要注意宝宝腹部的保暖。

3. 睡眠

★宝宝睡觉时表情很痛苦，是怎么回事

此时宝宝睡觉的时候总是喜欢握着小拳头，脚不停得绷着劲，小脸憋得通红，表情还有点痛苦，哼哼唧唧的，有时候甚至还发出类似马嘶、小牛叫的声音。这时候，妈妈总觉得宝宝睡眠有问题或是哪里不舒服，有的还带宝宝去医院看"病"。其实，只要宝宝长得好就是正常的。因为此时宝宝处于浅睡眠，而且神经系统发育不完全，大脑皮层容易兴奋，如果宝宝没有醒的话就不管他，如果他哭出声来，您可以轻轻拍拍，他很快又会入睡了。而且，这也是宝宝在做运动、活动筋骨的一种方法，爸爸妈妈千万不要害怕。

★睡颠倒

有些宝宝还不能适应昼夜变化，白天大睡，晚上不睡，这会让本来已经很疲劳的新手爸爸妈妈非常苦恼。如果您家有个这样的"小捣乱"，就可以尝试白天多揉揉他的耳朵、小手、小脚，或者用温湿毛巾多擦拭他的小脸叫醒他几次，让他把觉留着夜里睡。当然，多数新生宝宝都是吃着妈妈的奶就甜甜地睡了。

4. 其他

★给宝宝洗澡有学问

在有条件的情况下，建议成人每天给宝宝洗洗澡（冬天可以每天1次，夏天根据地区气候可以给宝宝洗2~3次）。洗澡不仅是宝宝与成人的快乐游戏，也是增强宝宝机体抵抗力和适应能力的一种有效方法。尤其在寒冷的冬季，宝宝和成人穿得都比较多，无法很好地进行亲子抚触时，成人就更应该珍惜给宝宝的洗澡时间，对其全身做适度的擦拭和按摩。给宝宝科学、有效、安全地洗澡，需要注意：

（1）浴室环境：水温应控制在35℃左右，用婴儿温度计测试或用手腕内侧、肘部测试都可以；如果冬季室温偏凉，可以用浴霸，但一定要在宝宝进浴室前关掉。因为暖灯强烈的光线会刺激宝宝还未发育好的视神经。

（2）水位：水以刚好没过宝宝的生殖器为宜，随着月龄的增加可以慢慢地多些，但不要超过宝宝的肚脐。

（3）时间：洗澡时间不宜过长，随月龄增加，由3~5分钟最多到15分钟。

（4）方法：最好洗澡前给宝宝把一把尿，免得他尿在澡盆里；洗澡时用手轻轻地触摸宝宝的皮肤，尤其重点关注到脖颈、腋下、腹股沟、小屁屁（因为宝宝的这些部位不容易透气且容易出汗，洗不干净容易腌红、破溃）；尽量不使用婴儿浴液；冬季时，不必天天给宝宝洗头，可以给他戴上成人的浴帽。如果头发太长不容易干，可以用电吹风稍微吹一下。抱宝宝出浴室前，先将浴室门打开，待室内温度均衡后再出去，以避免着凉感冒；擦干后，在宝宝容易腌红的地方擦些爽身粉。对于皮肤容易干燥的宝宝或干燥地区的宝宝可以改用婴儿凡士林做有效隔离。

（二）保健要点

免疫接种

满两个月的宝宝要连续三个月，每个月口服一粒预防脊髓灰质炎的糖丸。

"脊髓灰质炎"俗称小儿麻痹症，是急性传染病，由病毒侵入血液循环系统引起，部分病毒可侵入神经系统。患者多为1～6岁儿童，主要症状是发热，全身不适，严重时肢体疼痛，发生瘫痪。

特别提示：接种此疫苗前后半小时应禁食，如奶或水。除此，家长应牢记计划免疫接种的一般注意事项：

（1）注射或口服疫苗后，需观察15～30分钟后才可离开医院。

（2）接种后应多饮水，避风寒，注射局部24小时内不沾水。其中白百破疫苗48小时内不沾水。

（3）接种任何疫苗两日内，宝宝都有可能会出现发热、烦躁、食欲不振、乏力等不适情况，如体温超过38.5℃，应服小儿退热药。

（4）如果注射局部皮肤出现红肿，12小时后用干净热毛巾热敷，每天3次，每次15～30分钟，连敷3天以上。

（5）如在接种后出现高热不退、皮疹、局部硬结等症状，请及时联系接种医院的大夫咨询。

五、疾病预防

常见疾病

小儿皮肤的防御功能差，对外界抵抗力低，易于受伤和感染。加上年龄幼小的宝宝皮下脂肪丰满，脂肪过多不一定是健康的表现。因此，皮肤往往成为细菌感染的门户。

1. 尿布疹

原因：臀部红斑亦称尿布疹，是擦烂加上接触性皮炎造成。擦烂是由于皮肤不清洁、夏季炎热、积汗及擦伤而引起的红斑。

表现：擦烂多见于肥胖儿，发生在皮肤皱褶处如耳根后、前颈、腋窝、腹股沟、臀窝、肛门附近等处。可有渗出液，形成微小的溃疡和脓包。尿布疹主要发生在大腿内侧及生殖器部位，可蔓延至会阴。是由于不勤换尿布或使用不透气的尿布造成。

防治：

（1）勤换尿布使患部干燥，或使患部暴露于空气中，多撒干粉，多晒日光。

（2）氧化锌糊或氧化锌鱼肝油可用于较重的臀红。

（3）尿布浸泡于硼酸溶液中 1~2 小时，洗干净、晒干后使用。

2. 婴儿湿疹

婴儿湿疹是小儿常见的皮肤病之一。是与多种内外因素引起的变态反应有密切关系的皮肤病，皮疹呈多形性，反复发作。

原因：

（1）超敏反应是主要的发病机制。多数是由于摄入鱼、虾、蛋等过敏源造成。此外，毛织物、玩具、肥皂、寒冷、潮湿也可以引起。

（2）婴儿本身的遗传过敏性体质。

表现：皮疹多见于头面部，可蔓延至颈、背、臀、四肢甚至波及全身。皮疹初为小红丘疹或斑疹，散在或呈群簇，可见小水疱、黄色鳞屑及痂皮。渗出糜烂，病儿哭闹不安，到处瘙痒。

防治：

（1）应避免过敏源。

（2）选用抗组织安药物，如扑尔敏、本海拉明。

（3）局部用药。

（4）如有继发感染，可选用抗菌素。

3. 皮脂溢出性皮炎

皮脂溢出性皮炎是一种皮脂溢出的慢性炎症。

原因：皮脂分泌过多是本病的基础。

表现：多发于3~6个月的肥胖儿，好发于皮脂腺丰富的部位如头顶、耳后、眉间、鼻翼两侧、背部及身体皱褶处。初为小丘疹，后扩大为不规则红色斑片，表面有痂皮，头部为黄褐色油腻鳞屑。

防治：

（1）注意患处清洁，预防感染。

（2）局部少用肥皂，宜以清水清洗。

（3）头部厚痂可用清洁麻油、液状石蜡擦拭。

（4）如有继发感染，局部可用氧化锌软膏，必要时可口服抗生素。

六、运动健身

运动健身游戏

1. 抬起头

目的：发展宝宝头部和颈部的肌肉力量。

方法：

（1）宝宝空腹时，妈妈把宝宝抱在自己胸腹前（与自己面对面），然后慢慢地斜躺或平躺在床上，这时宝宝便自然而然地俯卧在妈妈的腹部。妈妈注意要扶宝宝的头慢慢转向中线，两手放在宝宝头的两侧，逗引宝宝能短时间抬头，边练习妈妈要边说"宝宝，抬抬头"或者呼唤宝宝的乳名等等，这样反复练习几次后让宝宝休息，休息时妈妈用手轻轻抚摸宝宝背部，使宝宝放松背部肌肉，感到舒适、愉快和成人的爱抚。

（2）将宝宝俯卧在床面上，用一面镜子放在离宝宝头部上方20cm左右的地方逗引，用带响的玩具在宝宝头部上方逗引宝宝抬头、抬胸来看自己的脸。直至宝宝可以抬头45～90度。

2. 找一找

目的：学习控制躯干，为爬行做准备。

方法：仰卧时，将宝宝左腿放到右腿上，托住其腰部，使腹部侧转幅度逐渐加大，使肩也能侧转，用色彩鲜艳的玩具放在宝宝一侧逗引，使他能以这样的姿势停留片刻，再将其翻回去。再继续用玩具逗引，使宝宝的腹部、肩部侧转，练习躯干的控制动作。

3. 划小船

目的：引导宝宝前臂交叉运动的协调性，训练宝宝上肢力量。

方法：成人要帮助宝宝做好游戏前的准备运动。让宝宝俯卧抬头，两臂撑起上半身，做上肢准备运动。成人可用镜子、玩具、画报、人脸逗引宝宝抬头。

（1）单臂支撑体重：宝宝在学会上述动作后，可在宝宝俯卧时，用玩具在他一侧手臂上方逗引他够玩具，在抓够的一瞬间宝宝练习单臂支撑体重，两臂可轮流练习。

（2）前臂交叉练习：宝宝俯卧在床边，成人在床沿把两手掌向上，垫在宝宝的掌下，前面用玩具逗引，交叉移动您的手掌，带动宝宝两臂交叉运动。

这项游戏2个月之内的宝宝每天可练习3～4次，可累计半小时。

4. 脚碰铃

目的：锻炼腹部和腿部力量。

方法：

（1）将宝宝俯卧在床上，前面放一面镜子，用玩具逗引，成人在后面用手触碰宝宝的双脚，鼓励宝宝用力蹬脚，同时说"宝宝蹬一蹬"，随着宝宝身体向前的意识，成人的手再稍向前移动，增加宝宝蹬的力量。

（2）在宝宝的小床上挂一个可以活动的硬纸板，纸板上拴上小铃铛。使躺在床上的宝宝脚能够踢到硬纸板。当宝宝一蹬脚碰到纸板时，铃铛就会发出响声，这种声音会使宝宝不断地重复蹬脚的动作。

5. 爬一爬

目的：训练腹部、背部和腿部肌肉力量。

方法：将宝宝俯卧在床上，用带响的玩具逗引宝宝抬起头来，然后把玩具放到宝宝的头前面，成人用手心抵住宝宝的足底，宝宝就会以腹部为支点，努力向前移动自己的身体，每天练习1~2次，每次可以练1~2分钟。当宝宝情绪不好时可抱起宝宝玩一会儿。

七、智慧乐园

益智游戏

1. 目光追随

目的：促进宝宝的视觉发育，进行目光追随训练。

方法：在家庭中，成人可以选择家中红色或黄色等色彩鲜艳的玩具，比如红色或黄色玩具汽车。让宝宝俯卧在地垫上，成人将红色或黄色玩具汽车放在距离宝宝视线20~40厘米处，要先引导宝宝看见，宝宝能够注视着玩具汽车后，成人再向左右缓慢开动玩具汽车，引导宝宝抬头和转头，以使目光追随到玩具汽车。

游戏中，成人要根据宝宝的能力来控制游戏的范围，建议从小到大、速度由慢到快逐渐增加。在游戏过程中，成人可以用亲切悦耳的儿歌，伴随宝宝目光追随到玩具汽车。

2. 小小触摸球

目的：促进宝宝触觉认知力的发展。

方法：成人选择直径10厘米左右触摸球或者软毛刷、丝瓜络等物品来和宝宝一起做游戏。可让宝宝取任何体位，成人用触摸球反复轻轻刺激宝宝的手心、足底或全身任何地方。在游戏过程中，成人要用亲切悦耳的儿歌，伴随宝宝游戏的始终。

3. 自己玩

目的：训练宝宝的手眼协调能力。

方法：成人为宝宝准备一个有手柄并能发出响声的玩具，然后用松紧带把玩具系紧和宝宝游戏。成人抱宝宝在怀里，把自己制作好的有手柄并能发出响声的玩具，用松紧带挂在宝宝的胸前，松紧带的长度刚好让宝宝可以很容易摸到，逗引宝宝碰触抓握，自己弄出声响来玩。

八、情商启迪

情商游戏

1. 宝宝笑

目的：逗宝宝笑，发展注意力，培养愉快情绪，传递亲子之情。

方法：成人要经常轻轻抚摩或亲吻宝宝的脸蛋和鼻子，并笑着对他说"宝宝笑一个"，也可用语言或带声响的玩具逗引宝宝，或轻轻地挠他的肚皮，引起他挥手蹬脚，甚至咿咿呀呀发声，或发出"咯咯"笑声。注意观察哪一种动作最易引起宝宝大笑，就可经常有意重复这种动作，使宝宝高兴而大声地笑。这种条件反射是有益的学习过程，可以逐渐扩展，使宝宝对多种动作都能发生快乐的笑声。但是要注意有些宝宝由于身体原因，如气管不太好的，就不适合让宝宝持续大笑。

2. 把大小便

目的：培养宝宝大小便习惯，密切亲子关系。

方法：从出生半个月起，成人就可以开始定时培养宝宝大小便的习惯。在便盆上方用"嗯"声表示大便或用"嘘"声表示小便。通过视——便盆，听——声音加上姿势形成排泄的条件反射，在满月前后宝宝就懂得把大小便了。在把大小便的同时，也培养了宝宝与成人的合作，还能训练膀胱容量扩大，锻炼膀胱括约肌应有的功能，密切了母婴关系，是一种良好习惯和能力的训练。当把出大小便时，成人要及时鼓励。

在把便的时候成人要挺胸坐正，不可压迫宝宝胸背而妨碍呼吸，当宝宝打挺表示不愿意让把便时，应马上放下，以免使宝宝疲劳。不过要有耐心坚持，宝宝很快就能建立起条件反射，不尿床了。

3. 陪宝宝玩

目的：帮助宝宝调整好作息时间，解决父母烦恼，传递亲情关系。

方法：如果宝宝夜间睡眠时间短，影响成人休息，成人就要帮助宝宝逐渐改变过来，白天让宝宝少睡，慢慢把觉推移到晚上。白天，宝宝醒了，成人除了给宝宝喂奶，帮宝宝换尿布，也别忘了陪宝宝多玩一会儿。拿一些带声响的玩具或者颜色鲜艳的图片和宝宝做游戏，刺激宝宝听觉和视觉的发展。宝宝白天玩的时间长了，累了，晚上自然就睡得好了。爸爸妈妈不要太心急，陪宝宝玩是一个慢慢坚持的过程。

九、玩具推介

2个月的宝宝视听觉进一步发展，需要为他们选择更加丰富的促进视觉和听觉发展的玩具。比如：对发展视觉有利的红球、吹塑彩环、直径约15厘米的彩球、塑料小动物、长约6厘米和宽约4厘米左右的橡皮玩具、彩色图画等，对发展听觉有利的带铃的环、软塑料捏响玩具、八音盒、音乐旋转玩具等。注意给婴儿选择视觉玩具时，大小不要超过人的脸。

十、问题解答

1.为什么小婴儿比新生儿还容易患臀红？

这个月的宝宝更容易出现臀红，有的宝宝后半夜可能会睡上五六个小时不吃奶，深睡眠时间也延长了，不再是尿了就哭，妈妈也睡得很香，潮湿的尿布浸着宝宝，很容易患臀红。特别是夏天或盖得多，臀红就更加严重。同时，随着母乳量的增加，宝宝大便次数比新生儿期还多，一天可拉六七次，如果不及时更换尿布，更容易出现臀红。

一旦发现臀红要及时处理，每次排大便后用清水洗臀部，涂上鞣酸软膏，是很有效的。如果臀红导致肛周皮肤溃破，细菌会侵入，造成肛周脓肿。肛周脓肿是婴儿期比较严重的感染性疾病，会给宝宝带来很大痛苦，要做脓肿切开引流，如果治疗不及时还会引起肛瘘。

2.宝宝睡眠不踏实是缺钙吗？

睡眠不踏实不一定就是缺钙，以下几种情况就不是缺钙。

（1）随着日龄的增加，睡眠时间减少，听、看、嗅等感知能力增强，对外界刺激更加敏感，如果周围环境不好，宝宝会睡眠不踏实。

（2）这个月的宝宝开始会做梦，做梦时会出现躁动。宝宝的运动能力也增强了，肢体活动增加，睡觉过程中会出现各种各样的动作，但宝宝始终处于睡眠状态，即使哭几声，拍几下很快就入睡了。有时睁开眼看看，如果妈妈在身边，会闭上眼睛接着睡；如果发现妈妈不在身边，会大声哭起来，这时妈妈立即跑过来拍拍，宝宝会马上停止哭闹，很快入睡。如果仍然哭，握住宝宝的小手放到他的腹部，轻轻地摇一摇，宝宝会很快地再次入睡。

（3）到了吃奶的时间，宝宝也会有动作，这时应及时给宝宝吃奶。

3. 大便溏稀、发绿是患肠炎了吗？

（1）大便可能会夹杂着奶瓣或发绿、发稀，大便次数每日6~7次，这是正常的。只要宝宝吃得很好，腹部不胀，大便中没有过多的水分或便水分离的现象，就不是异常的。

（2）宝宝大便稀少而绿，每次吃奶间隔时间缩短，好像总吃不饱似的，这可能是母乳不足了。但记住不要轻易添加奶粉，每天在同一时间测体重，记录每天体重增加值。宝宝每日体重增加少于20克，或一周体重增加少于100克，再试着添加1次奶粉。观察宝宝是否变得安静，距离下次吃奶时间是否延长了，如果是的话，每天添1次奶粉，一周后测体重，体重增加100克以上，甚至达到150~200克，便证明母乳不足是导致大便溏稀、发绿的原因。

（3）大便常规检查如有异常，医生诊断患肠炎，再遵医嘱服用药物，不要自行服药，以免破坏肠道内环境，尤其不能乱用抗菌素。

4.宝宝总用手抓脸，是不是不舒服？

快两个月的宝宝，会用手抓脸了；如果宝宝指甲长，会把脸抓破或抓出一道道红印。手在大脑发育中占有很重要的位置，手的活动是宝宝发育中非常关键的能力，手的神经肌肉活动可以向脑提供刺激，这是智力发展的源泉之一，并不是因为宝宝不舒服。

老人都喜欢给宝宝缝制一双小手套，用松紧带束上手套口或用绳系上，这样做是很不科学的。口束得过紧，会影响宝宝手的血液循环；缝制的手套内有线头，可能会缠在宝宝的手指上，使手指出现缺血，严重者出现坏死。不管多么柔软的布，对宝宝稚嫩的小脸还是有摩擦的，比小手的摩擦力要大得多。

有的妈妈怕宝宝抓脸，就给宝宝穿很长袖子的衣服，这虽避免了发生危险，但同样会影响宝宝手的运动能力，也是不可取的。

妈妈要知道，不论采取什么样的防护措施，都不利于宝宝手运动能力的发展，宝宝看不着自己的小手，减少了锻炼的机会，导致运动能力发展迟滞，还会影响智力发育。

妈妈可以把宝宝的手指甲剪得稍微短些，然后再轻轻磨一下，让指甲很圆钝，这样就抓不伤脸了。

3个月的宝宝

3 GE YUE DE BAOBAO

一、发展综述

3个月的宝宝最显著的变化就是能够俯卧抬头。这一时期，成人要多多让宝宝练习，让宝宝俯卧抬头时用肘撑起。可以把新奇的玩具或可移动的镜子摆在宝宝头前，当宝宝想去抓玩具，或看镜子中的自己时，就会努力撑起身体。通过慢慢练习，就会让宝宝的颈部、上肢和胸部肌肉力量逐渐增强，早日学会俯卧抬头时用肘撑起来。这样，宝宝的视野会扩大，看到和以前不一样的事物。

3个月时，宝宝的听力有了明显发展，在听到悦耳的声音以后，能将头转向声源，这个反应可以用来检查宝宝听觉的能力。这一阶段，宝宝能够辨别母亲的声音，对母亲的声音最敏感。这一时期，妈妈要经常轻柔、充满爱心地和宝宝说话。

这一时期的宝宝会发出一些简单的元音。研究表明，这个阶段世界上任何母语，宝宝发的元音都差不多。只是由于不停地受到母语的刺激和强化，最后宝宝就说母语了。

这一时期有些宝宝可能已经会侧卧了，在出生3个月前后，宝宝能自己做90度的翻身或者由仰卧翻到侧卧。成人可以用玩具或声音逗引，让宝宝有兴趣练习。宝宝如果学会了翻身，将会为进一步扩大活动范围打好基础。

二、身心特点

（一）体格发育

1. 身长标准

男童平均身长为61.1厘米，正常范围是58.5～63.7厘米。

女童平均身长为59.5厘米，正常范围是57.1～62.0厘米。

2. 体重标准

男童平均体重为6.0千克，正常范围是5.0～6.9千克。

女童平均体重为5.4千克，正常范围是4.7～6.2千克。

3. 头围标准

男童平均头围为41.0厘米，正常范围是39.9～42.3厘米。

女童平均头围为40.1厘米，正常范围是38.8～41.3厘米。

4. 胸围标准

男童平均胸围为41.3厘米，正常范围是39.2～43.3厘米。

女童平均胸围为40.1厘米，正常范围是38.2～42.0厘米。

（二）心理发展

1. 大运动的发展

宝宝俯卧位时，可以抬头90度。这时的宝宝还可以从仰卧位到侧卧位翻身。成人扶住宝宝双腋下竖直放在床上或地上，能感觉宝宝的腿部可以支撑一点重量。

2. 精细动作的发展

3个月的宝宝两手能够接触在一起。看到物体会舞动双手，手中抓握物体后，经常送入口中。

3. 语言能力的发展

这时的宝宝很容易被逗笑，而且能发出笑声。3个月的宝宝发音也会增多，能清晰地发出一些元音。

4. 认知能力的发展

3个月的宝宝可以一下注意到面前的玩具，并且可以灵敏地追随。眼睛可以跟随红球移动180度。

5. 自理能力的发展

宝宝3个月的时候开始形成比较规律的生活习惯，每天睡眠、饮食、大小便等都有一定的规律。成人尤其要按规律把婴儿大小便。

三、科学喂养

（一）营养需求

母乳充足的宝宝这个月可以不添加任何辅食，仅喂些新鲜果蔬水就可以了。如果宝宝大便比较稀且次数多，就暂时不要添加，等到大便成稠糊状，且每日3次左右时再尝试。

此阶段，宝宝对碳水化合物的吸收消化能力还是比较差的，仍然是对奶的吸收消化能力较强，对蛋白质、矿物质、脂肪、维生素等营养成分的需求可以从乳类中获得。

从出生到1岁，是宝宝大脑发育比较快速的时期，脑的重量几乎平均每天增长1000毫克。出生后6个月内，平均每分钟增加脑细胞20万个，出生后第三个月是脑细胞增长的第二个高峰。因此，为促进脑发育，需要给母乳添加些健脑食品，以保证母乳能为宝宝的脑发育提供条件。

鱼肝油的主要制作原料是鱼的肝脏，主要含有维生素A和维生素D。其中，维生素A利于人体免疫系统，维生素D是人体骨骼中不可缺少的营养素。人体肠道对钙的吸收必须要有维生素D的参与，而母乳中维生素D含量较低，所以宝宝从出生后第1~3个月开始就应该酌情添加鱼肝油以促进钙、磷的吸收。剂型、药量和服药期限必须在医生指导下进行，否则摄入过量会引发中毒症状，导致毛发脱落、皮肤干燥皲裂、食欲不振、恶心呕吐，同时伴有血钙过高以及肾功能受损。一旦确认为"鱼肝油中毒"，就应该立即停止服用。

宝宝的鱼肝油用量应该随着月龄的增加而逐渐增加。此外，户外活动多时可以酌减用量，一些婴儿食品已经具有强化维生素A、维生素D的效用，如果规律服用也需要减少鱼肝油用量。

（二）喂养技巧

1. 喂养不当造成肥胖儿和瘦小儿

只有极个别的宝宝是因为遗传的原因成为肥胖儿或瘦小儿，但多数是因为喂养不当造成的。妈妈们总是担心宝宝饿肚子，宝宝已经几次把奶头吐出来了，妈妈还是不厌其烦地把奶头硬塞入宝宝嘴里，宝宝无奈只好再吃两口，时间长了，就会有三种趋势：

一是宝宝胃口被逐渐撑大，奶量摄入逐渐增加，成了小胖墩。

二是由于摄入过多的奶，消化道负担不了这么大的消化工作，因此使宝宝食量开始下降，有的出现积食。

三是由于总是强迫宝宝吃过多的奶，宝宝不舒服，形成精神性厌食。这种情况在婴儿期虽然不多见，但是一旦形成就会严重影响宝宝的身体健康，一定要避免。

2. 母乳的保存与加热

挤出来的母乳，在室温中可以存放6个小时，冰箱中冷藏48小时，冷冻3～6个月。保存前，最好在容器外注明时间和容量，方便给宝宝取用。

冷藏过的母乳，不能直接加热或者用微波炉加热（微波炉加热会损失部分营养成分且容易加热不均烫到宝宝），应该隔水加热。具体方法是：将装有母乳的奶瓶置于温度低于60摄氏度的温水中加热。

3. 人工喂养及水分的补充

代乳品不宜经常换品牌，鲜牛奶和奶粉的生产厂家和品牌较多，只要宝宝对某种品牌比较适应，生长发育和消化都正常，则不宜频繁更换，以免产生不良反应。

牛奶或奶粉内不宜加淀粉类食物，如米汤或米粉，这会影响乳类中钙的吸收。而且淀粉类食物增加的热量，易使宝宝发生肥胖。注意每种品牌的奶粉都有自己的冲调比例，不要将奶粉冲得过浓，因为奶粉中有一定量的钠离子，如不加足够的水分稀释，宝宝食用后，高浓度的钠离子进入血液，会使血液中含钠量增加，增大对血管的压力。

纯母乳喂养的宝宝，在4个月以前，一般是不需要另外喂水的；人工喂养的宝宝则需要在两次哺乳之间喂一次水。因为牛奶中的矿物质含量较多，宝宝不能完全吸收，多余的矿物质必须通过肾脏排出体外。此时，宝宝的肾功能尚未发育完全，没有足够的水分就无法顺利排出多余的物质。因此，人工喂养的宝宝必须保证充足的水分供应。

4. 注意事项

★ 如何给宝宝选奶粉

　　婴幼儿奶粉与普通奶粉不同，它针对不同月龄的宝宝成长需求，调整蛋白质、脂肪及乳糖的比例，添加多种营养物质。只有购买适合的婴幼儿奶粉，才能达到最好的营养效果。几年前的"阜阳大头婴儿奶粉事件"让不少父母胆战心惊，不知道该如何去选购安全的婴幼儿奶粉。大品牌厂商技术力量强，具有长期销售历史和良好的品牌信用，能够确保产品的品质，是购买的首选。如果奶粉中添加了特别配方，则应该具有临床试验证明或报告。

　　目前婴幼儿奶粉的产品包装上一般都会标注适合的年龄阶段，选购时，一定要根据宝宝的生长阶段来挑选。要注意生产厂家信息是否齐全，看清楚执行标准、主要原料、营养成分表、生产日期、保存期限、调配说明等，外包装印刷的图案和文字要清晰。罐装奶粉的密封性能较好，挑选袋装奶粉时，要挤压一下包装，看是否漏气，漏气或袋内根本没气的，千万不要选购。奶粉应该为色泽均匀带有奶香味的干燥粉末状固体，结块的可能已经变质。

（三）宝宝餐桌

1. 一日食谱参照

（1）主食：母乳。

餐次及用量：间隔3~5小时，每次90~180毫升。

（2）辅食：

①开水：温开水、凉开水。

②水果汁：橘子汁、番茄汁、山楂水等。

③菜汤：南瓜汤。

以上饮料可轮流在白天两次喂奶中间喂哺，每次90毫升。

④浓缩鱼肝油：每次1滴，2次/日。

2. 提高母乳质量的食物

出生后 3 个月是宝宝智力发展的第二高峰，为了宝宝，每个哺乳的妈妈一定要注意营养，以提高母乳的质量。下面是供母亲食用，促进宝宝健脑益智的食物：动物脑、肝、鱼肉、鸡蛋、牛奶、大豆及豆制品、苹果、香蕉、核桃、芝麻、花生、榛子、瓜子、胡萝卜、黄花菜、菠菜、小米、玉米等。

四、护理保健

（一）护理要点

1. 吃喝

★吃吃玩玩，东张西望

这个月很多妈妈都有同样的困惑："怎么我家宝宝突然变得不认真吃奶了，以前会咕咚咕咚一口气吃饱睡着，怎么现在不好好吃了呢？有点声音就东张西望，给他塞奶头他就是不吃，该怎么办呀？"其实，2～3 个月的宝宝听力更加敏锐，好奇心开始变得强了，也开始顽皮了。他会在吃奶和妈妈亲密接触时，趁机和妈妈逗逗乐，吃得半饱时会停住嘴巴，顺手摸摸、抓抓妈妈的乳房，听到一点动静都会多管闲事地去观望，有时调皮后还会坏坏地盯着妈妈，一副"看您能把我怎样"的表情。根据宝宝这个时候的特点，妈妈就要事先清场，给宝宝创造一个安静、认真吃奶的环境，避免他分散注意力；同时，请爸爸妈妈一定相信宝宝的能力，他自己知道要吃多少才是饱，他才不会亏待自己呢。无非宝宝因为贪玩少吃几口，也没有关系。常言道"要想小儿安，三分饥和寒"。

2. 拉撒

★ 不要把便

给婴儿把尿是一门学问。但到底该从什么时候开始给宝宝把尿好呢？这是很多年轻爸爸妈妈的困惑。其实，孩子独立进行大小便是一种相当复杂的行为。孩子需要感到来自肠道或膀胱的刺激，并能告诉括约肌"要控制住"，然后再排泄。因此，等孩子在生理和心理上准备好后再开始训练也不晚。但聪明的爸爸妈妈可以尝试摸索自家宝宝的尿便规律，如一般吃奶后半小时左右宝宝会尿一次；有的宝宝小便前会打个激灵；有的宝宝正玩得高兴，大便前会突然安静下来，一动不动，而且眼光会变直。如果您找到了宝宝的尿便规律，那就可以提前做些接便的准备，省去些不必要的麻烦。

3. 睡眠

★ 蹬被子，练练妈妈的耐性

这个月宝宝本事变大了，肢体活动频繁，学会了不停蹬被子，好像在说："看您盖得快，还是我蹬得快。"这让爸爸妈妈又好气又好笑，感觉无可奈何，甚至有些受挫。如果您的宝宝正是这样，不妨检查一下：是不是室内温度太高，被子盖得太厚，让宝宝热得难受？如果不是，可以给宝宝把小被子只盖到脚腕，再给他穿一双适宜的袜子，这样既保护了宝宝的脚丫不受凉，又可免除不停为宝宝盖被子的烦恼。需要注意的是，不建议给宝宝穿过厚的睡袋。睡袋虽然阻止了宝宝蹬被子，但是当宝宝感觉过热时也没法进行自我保护。

4. 其他

★ 爸爸妈妈有话好好说，宝宝怕怕

这个月宝宝已经能够区分不同的语音和语调，当听到悦耳的声音会表现出愉快，听到噪音会表现出烦躁和苦恼。其实这项本领早在妈妈怀孕6个月时宝宝就具备了。那么，现在爸爸妈妈就更应注意，在宝宝面

前尽量不要吵架、生气，因为宝宝能敏感地捕捉到爸爸妈妈语气的变化，争吵会让宝宝害怕，让宝宝哭闹、不安。

★ 洗屁屁的好方法

如果家里没有条件给宝宝天天洗澡的话，那也应该坚持每天给宝宝洗洗屁屁。尤其现在的宝宝多用纸尿裤，屁屁总捂在尿裤里，有皱褶的地方容易腌红、破溃。屁屁应在宝宝每天早起、晚上睡觉前各洗一次。可用小茶壶或者在矿泉水瓶盖上扎些洞眼当容器，这样就可以给宝宝用流动的水洗屁屁了，尤其对女宝宝来说更加卫生和安全。

（二）保健要点

1. 免疫接种

满3个月的宝宝第二次口服脊髓灰质炎糖丸；从这个月开始，宝宝要连续3个月注射白百破疫苗（预防百日咳、白喉和破伤风）。

2. 忘了接种怎么办

有的家长忙工作或忘了接种时间，使宝宝漏种了疫苗，这可怎么办？哪一针漏了，就从哪一针补种，之后仍按照正常顺序接种，没必要从第一针重种。如百白破疫苗，正常情况下，新生儿出生后2个月接种第一针，3个月接种第二针，4个月接种第三针。如果漏种了第二针，随时可以补种，等一个月后再接种第三针。

五、疾病预防

常见疾病

先天愚型和苯丙酮尿症都是出生后就能发现和诊断的先天疾病或遗

传代谢性疾病。这些疾病对儿童造成的最大伤害是：影响神经系统的发育，最终导致智力发育落后，因此对这些疾病的早期发现和早期干预是十分重要的。

1. 苯丙酮尿症

苯丙酮尿症简称PKU，是比较常见的一种氨基酸代谢异常，主要症状为智力低下和癫痫发作。这种代谢异常的生物化学基础是：苯丙氨酸羟化酶的先天缺陷，使得苯丙氨酸不能变为酪胺酸，结果苯丙氨酸及代谢产物在体内蓄积，造成异常。

原因：本病是常染色体隐性遗传。父母都是病态基因携带者，患儿从父母各得到一个突变基因，成为纯合子，表现为异常。

表现：最重要的表现是智力低下。患儿可以在出生后2~3个月，出现发育落后，年龄稍大些60%严重智力低下，如果没有经过治疗，96%严重智力低下。

治疗：治疗的目的是预防智力低下，决定智力低下程度的重要因素是治疗开始时间的早晚。出生后立即治疗，就可以完全避免智力低下。出生后6个月才开始治疗，虽然治疗持续数年，仍旧不能避免智力低下。4~5岁以后，由于已经有严重脑损伤，即使治疗，智力也很难恢复好转。

治疗的实施是限制苯丙氨酸的摄入量，因此低苯丙氨酸饮食是治疗的关键。但是苯丙氨酸是必须氨基酸，不能从饮食中完全除掉，既要供给每日的需要，又不能过多有剩余。因此，家长必须在医生的指导下，严格按照医生的要求，常年吃特殊的食物，绝对不可以吃鱼、肉、蛋、奶等高蛋白食物。可以食用专门为苯丙酮尿症患儿研制的奶粉。

除了饮食治疗以外，为了预防智力低下或减轻智力低下的程度，必须尽早进行早期干预，从运动、语言、认知等方面进行有针对性的教育训练，以促进智力的发展。

预防：避免近亲结婚。

2. 先天愚型

先天愚型又称21—3体综合征或唐氏综合征，是一种染色体异常的病变，染色体在胚胎形成过程中出现了问题。一般患儿父母的染色体大多正常。

原因：第21对染色体发生畸变，95%的患儿是这对染色体多了一条，还有少数患儿是由于基因异位或嵌合。

表现：由于先天愚型有特殊的面容，一出生便可以诊断。典型的先天愚型面容是：眼距宽、眼裂窄、眼外侧上斜、鼻梁塌陷、口微张、舌半伸。此外先天愚型身体矮小，最重要的表现是精神发育迟滞即智力低下。

治疗：医学临床无很好的治疗方法，最好的方法就是进行针对性的教育训练。研究表明，经过教育训练的先天愚型，智力水平可提高10~15个百分点。

预防：随孕母年龄的增高，其发生率也增高。一般30岁以下孕母的发生率小于1/1000，35岁以后的发生率高达1/300～1/45。故35岁以上的孕母要进行产前诊断检查，检查染色体。此外，怀孕早期一定要注意慎用药物或X线照射。

六、运动健身

运动健身游戏

1. 被动翻身

目的：锻炼头、颈、躯体及四肢肌肉的协调平衡能力，为下一步爬、坐、站、走打基础。

方法：成人让宝宝仰卧，将宝宝的一只手放在胸部，另一只手做上举状；妈妈一只手扶住宝宝放在胸部的小手，另一只手放于他的背部，帮助宝宝从仰卧转为侧卧，再转为俯卧。将宝宝胸部的小手向前，让宝宝两臂屈肘，手心向下，两臂距离稍比肩宽，支撑身体。用玩具逗宝宝抬头。妈妈在宝宝俯卧时，还可在他的背部脊柱两侧从上至下轻轻地抚摸，锻炼宝宝颈部及背部的肌肉力量。

2. 下肢跪

目的：锻炼宝宝膝部的支撑力量。

方法：将3~4个月左右的宝宝跪抱在成人的大腿上，或当成人仰卧时，让宝宝跪在成人的体侧，手扶着成人的身体，和宝宝一起看画报、念儿歌、玩玩具等等，从而锻炼宝宝膝部的支撑力量。

3. 举高高

目的：锻炼头、颈部肌肉的控制能力。

方法：

（1）成人扶宝宝腋下，坐在成人腿上。面对面，成人用嘴去亲吻宝宝的脸，边摇着头用脸去接触宝宝胸部边说"宝宝长大了"，反复来逗引宝宝，使宝宝感到愉快。

（2）当宝宝情绪愉快时，成人双手扶宝宝腋下，将宝宝举过成人的头部，慢慢转一转身体，边说"宝宝转一转"，锻炼宝宝头、颈肌肉的控制能力。

4. 音乐指挥家

目的：锻炼头、颈部肌肉的控制能力。

方法：成人打开录音机播放轻松欢快的音乐，将宝宝抱坐在成人腿上（面朝外），双手握住宝宝腕部，随音乐节奏边哼唱附和，边小幅度摇动，既进行了节奏感知，又可培养宝宝欢乐的情绪，还可在快乐中练习头竖直的能力。

5. 交替抵足爬

目的：锻炼腹部和腿部力量。

方法：宝宝2个月以后可练习交替抵足爬。宝宝俯卧，成人单手抵住宝宝一只脚，待宝宝蹬爬一下后，同时另一手再抵住宝宝另一只脚，使其身体再向前蹬爬，反复进行，来引导宝宝体会交替用力的感觉。

七、智慧乐园

益智游戏

1. 模仿发音

目的：促进宝宝对语言的理解，丰富情感交往。

方法：成人在抱起宝宝时，要经常作出张口、吐舌或多种表情与宝宝交流，使宝宝逐渐会模仿面部动作或者微笑。同时，成人还要经常用亲切温柔的声音与宝宝谈笑，注意自己的口形和面部表情，有时宝宝便会在逗引中，发出单个韵母a（啊）、o（喔）、u（呜）、e（呃）等，或者应答发音，有时还会发出kuku的声音。

2. 妈妈的脸

目的：促进宝宝视听识别和记忆的健康发展。

方法：妈妈和宝宝说话，使宝宝引起对妈妈的注意。在距离宝宝眼睛20～25厘米处，妈妈将彩色带响声的玩具边摇边缓慢移动，使宝宝的视线随玩具移动。妈妈和宝宝面对面，待宝宝看清妈妈的脸后，边呼喊他的名字边移动，宝宝会随着妈妈的脸和声音移动。

3. 拉拉小手

目的：加强宝宝手部力量以及握手的能力。

方法：妈妈双手分别拉住宝宝的双手，宝宝倚靠着坐在床上，两人做来回牵拉动作，同时配以歌谣或者逗宝宝笑的语言，拉动的动作注意要慢。妈妈念唱"小手尖尖，妈妈牵牵，宝宝动动，妈妈送送""小手碰碰，小兔蹦蹦，宝宝乖乖，妈妈喜爱"等。

八、情商启迪

情商游戏

1. 宝宝和爸爸飞呀飞

目的：诱发宝宝的兴趣，体验快乐和满足感，建立亲情关系。

方法：在宝宝情绪愉快时，爸爸将宝宝俯卧置于双臂上，然后把宝宝从身体的左侧向右上方举起。反复4～5次后再换另一个方向。边举边说："飞呀！飞呀！飞高喽！"因为父亲与母亲性格、角色、精力不同，因此父亲对宝宝的发展具有母亲不可代替的作用。父亲是诱导宝宝积极情绪的重要来源，父婴的交往和游戏易引起宝宝的兴奋，诱发宝宝的兴趣，游戏的多样化与重复可使宝宝有极大的快乐和满足感，从而建立起既与母婴交往相似而又不同的感情。

2. 见人笑笑

目的：培养宝宝积极的情绪体验，学会与人交往。

方法：这个时期的宝宝会积极、有意识地寻找成人，见到成人就会表现出高兴的情绪，这时要多接触孩子，培养他交往的需求。比如：多到宝宝跟前说话或引逗，"宝宝你好，让我亲亲你"，"让我摸摸你的小脸蛋，亲亲你的小鼻子"等，让宝宝感受到高兴、愉快，或站在他面前，先看看他是否有兴奋得手脚乱动、发笑等反应，若无反应，则要做各种动作引逗他发笑。

3. 发音游戏

目的：鼓励宝宝自发地发出清晰的喉音，激发其与人交流的意识。

方法：生活中，成人要多与宝宝用语音交流，使宝宝在听觉上得到刺激，这是为宝宝的语言发展储存信息。妈妈在给宝宝喂奶、换尿布时，一边注视宝宝一边逗引宝宝，并和宝宝多说话。当宝宝有自发的元音发出时，妈妈要积极回应，刺激宝宝喜欢发音的游戏。

九、玩具推介

3个月的宝宝手部抓握能力开始发展，要为宝宝选择一些适合抓握、拍打、够取的玩具。玩具要质地光滑，没有坚硬锋利的棱角，无毒性，易于清洗，也不宜太小，以免吞食。如拨浪鼓、彩环铃铛、悬吊玩具、吹气娃娃、小动物、小灯笼等。还应该给宝宝提供质地多样化、种类多样化的玩具，来促进宝宝触觉的发展，并继续发展宝宝的视听觉，如彩色手套、袜子、木线轴、小硬纸盒、塑料环、毛线球等。

十、问题解答

1.宝宝为什么睡眠不安还夜啼？

睡眠不安是指睡眠不深、辗转反侧、易醒；夜啼是指经常性的、规律性的半夜啼哭。睡眠不安与夜啼常常相伴出现。睡眠不安的宝宝晚上不愿睡觉，睡后很容易惊醒，或在床上辗转反侧，或全身跳动，睡得不深。有的宝宝夜间啼哭，白天没精神。睡眠不安的孩子易激惹，好烦躁。有的宝宝，昼夜颠倒，白天整天睡，夜间整夜不睡或哭闹。

造成宝宝睡眠不安、半夜啼哭的原因很多，大致可分为生理性和非生理性原因两大类：

（1）生理原因：①当宝宝脑发育不成熟时，昼醒夜眠的习惯正在形成或刚刚形成时，由于抚育方法不对头，例如夜里抱着睡或其他原因，使宝宝的睡眠规律受到影响，会出现白天睡夜里醒的情况。②身体不舒服或疾病，如尿布湿、尿布束得太紧，内衣太紧或太硬，以及饥饿、口渴、发烧、肚子痛、耳朵痛、鼻子堵塞等出现异常现象，会使宝宝睡眠不安或夜间啼哭。佝偻病的宝宝夜里睡觉不踏实，容易出现夜惊。生理因素尤其是疾病引起的半夜啼哭持续时间不会很长，一旦身体上的不舒服好了，宝宝也就不哭了。

（2）非生理性原因：①家长情绪焦虑，妈妈长期心里紧张不安。家庭气氛不十分和睦，家庭的气氛和家长的心理变化对宝宝产生了影响。②妈妈对宝宝管得太多，反应太频繁，如过于频繁地把尿，不时地看看宝宝是否把被子蹬开了，频繁地折腾孩子，近于神经质。家长的行为使宝宝产生紧张感，心灵上没有一点安逸的时间，心神焦躁，引起半夜啼哭。③白天受到强烈的刺激，夜里容易做噩梦，梦醒之后，还会感到恐惧不安——也会啼哭，其实宝宝并不会梦见鬼怪，只是白天的强烈刺激，夜里在梦中呈现。所以白天宝宝挨了训斥，妈妈的语调和表情就会成为强烈的刺激，引起宝宝啼哭。④神经过于敏感的宝宝，也容易发生夜啼，这种宝宝总不能熟睡，看上去好像睡着了，但只要有一点小小的声音，就会惊醒哭起来。这种神经过敏的宝宝一旦哭起来，就会持续很长时间，很难哄。

2. 如何对待睡眠不安及夜啼的宝宝呢？

（1）宝宝夜啼是生理原因造成的，那么排除生理因素就能解决了。同时一定要注意从宝宝出生起，就养成良好的生活规律和睡眠习惯。

（2）宝宝没有生理上的问题，那么就要好好找一找养育孩子过程中存在的问题，如：白天宝宝是不是受到了什么强烈的刺激，或者妈妈本身的心情不好，紧张焦虑或者家中的人际关系处理得不好等等。有的时候焦虑的家长容易话多，妈妈的话太多了，也容易引起宝宝夜啼没完。假如是这种原因造成的，可以采用一个星期左右的所谓沉默疗法。就是沉静地用微笑去对待宝宝，这样可以使宝宝紧张的神经得到松弛。

77

　　其实比较难解决的是以家庭关系为主要原因引起的宝宝半夜啼哭，比如婆媳意见不一致，夫妻之间有分歧。家庭成员之间要互相包容，用放松的心情去对待宝宝啼哭，家长打心眼里接受宝宝夜里哭闹不睡觉的行为，一旦持这种态度和心情，宝宝的啼哭就会奇迹般地减少和消失。

　　对于那些由于神经敏感而夜啼的宝宝，这种宝宝往往在某个方面具有非常敏锐的感觉，将来也许会有优异的判断能力。家长相信自己有一个值得培养的宝宝，那么对于宝宝的啼哭也就更能容忍。

3. 如何从小培养宝宝的健康人格？

　　培养人的第一步，最重要的是什么？育儿专家告诉我们"是生下这个孩子的妈妈的初乳"。早期育儿是造就优秀人才的出发点，所以妈妈的初乳是不可少的。对初生宝宝进行的教育，应从母乳喂养和怀抱宝宝开始，母亲给新生宝宝喂奶时产生的骨肉之情，对儿童未来人格的发展所起的作用既不能回忆起，也不能忘记。对母亲来说，通过哺乳使母性意识自然形成。婴儿时期，只有母亲才能促进孩子心灵的成长。母乳的传授，母子之间强烈的情感连接，对宝宝身心的成长非常重要。母亲的安详、母亲的爱心、母亲的愉悦与微笑都会给婴儿以安全感，这种安全感是日后健康人格发展的基础。

4. 怎样用眼神与宝宝说话？

　　所谓"眼神"就是眼睛和眼睛的交汇。育儿的根本在于以眼睛注视宝宝的眼睛。育婴专家认为即使是刚生下来的宝宝，也能与注视他的人对合视线。母爱就是依靠这种"眼神"——眼睛和眼睛的对话产生心和心的对话，这对培养宝宝健康的身心具有重要意义。

4个月的宝宝

4 GE YUE DE BAOBAO

一、发展综述

4个月时宝宝的注意力更加集中，能注意一些小东西，更加偏好复杂的和有意义的形象。这时，成人可以给宝宝提供和新生儿比复杂一些的玩具或图片，宝宝会对这样的玩具和图片更感兴趣。

这时的宝宝听觉能力几乎和成人一样，能分辨父母及熟悉人的声音，能听出音乐节拍。宝宝能发出一些单音节，会用声音表示满意或不满意。成人要常和宝宝说话，常给宝宝讲故事，并对宝宝的发音作出回应。

4个月的宝宝在高兴时，能大声地尖叫表示自己的兴奋。喜欢同大人玩毛巾蒙脸、抓开以及藏猫猫的游戏。

宝宝4个月时，运动能力有了进一步的发展。这时，如果把小的、易握的玩具放到宝宝手里，宝宝能够暂时地握住小玩具，并保持一段时间，但时间不会太长。这一时期的宝宝，不仅能够抓住静止的物体，还第一次可以抓住运动的物体。这些都表明宝宝的手眼协调能力进一步增强了。

这时的宝宝已经能够翻身，成人要特别注意日常生活中的安全，以防宝宝摔伤。

宝宝的触觉进一步发展。这时可以让宝宝多摸一些不同质地的物品。比如，木头玩具、布料、毛绒玩具、塑料小车、橡皮玩具、刷子等等。宝宝去摸不同质地的东西时，会得到不同的触觉刺激。多刺激宝宝的手指尖，宝宝就会更加聪明可爱。

二、身心特点

（一）体格发育

1. 身长标准

男童平均身长为63.7厘米，正常范围是61.0~66.4厘米。

女童平均身长为62.0厘米，正常范围是59.4~64.5厘米。

2. 体重标准

男童平均体重为6.7千克，正常范围是5.7~7.6千克。

女童平均体重为6.0千克，正常范围是5.3~6.9千克。

3. 头围标准

男童平均头围为42.0厘米，正常范围是40.9~43.3厘米。

女童平均头围为41.1厘米，正常范围是39.8~42.4厘米。

4. 胸围标准

男童平均胸围为42.1厘米，正常范围是40.0~44.1厘米。

女童平均胸围为40.1厘米，正常范围是39.1~43.1厘米。

（二）心理发展

1. 大运动的发展

4个月的宝宝俯卧位时能用前臂支撑抬头挺胸，竖直抱时头能保持平衡。逐渐能从仰卧位翻身到侧卧位或俯卧位。

2. 精细动作的发展

宝宝看见物体会有意识伸手接近物体，能准确抓握物体，够取悬吊的玩具。4个月的宝宝已经能用手摇花铃棒。

3. 语言能力的发展

4个月是宝宝咿呀学语的开始阶段，在发元音的基础上可以发b、p、d、n、g和k等辅音，还能够发出da-da、ba-ba、na-na、ma-ma等重复音节。偶然出现的"ma-ma"好像是在叫妈妈。

4. 认知能力的发展

4个月的宝宝已经可以调节视焦距，能看远或近的物体。可以分辨红、绿、蓝三种纯正的颜色。听觉也更加灵敏，能够自如地转头寻找声源。

5. 自理能力的发展

4个月的宝宝生活更加规律，睡眠常在夜间进行，白天清醒时间延长。此年龄段的宝宝可以舔食勺中的食物。

三、科学喂养

（一）营养需求

4个月的宝宝仍能够从母乳中获得所需营养。此阶段，宝宝对碳水化合物的吸收消化能力还是不强，对奶类的吸收消化能力仍然较强，对蛋白质、矿物质、脂肪、维生素等营养成分的需求可以从乳类中获得。

宝宝如果对辅食不感兴趣，父母无需着急。强迫宝宝吃辅食是不对的，乳类食品能够满足宝宝所需的营养。添加一些辅助食品对宝宝牙齿萌发、肠胃功能锻炼是有好处的，但是如果强迫宝宝吃他不喜欢吃的辅食，会给以后添加辅食增加难度。

这个时期的宝宝可能会出现缺铁性贫血，尤其妈妈在孕期出现过严重贫血的宝宝更应该注意补充铁剂。蛋黄、绿叶蔬菜、动物肝脏中含有较丰富的铁，但这个月的宝宝有时不能耐受这些食物，所以添加时要注意：一种一种添加，从小量开始。每种尝试一周，如宝宝没有大便异常，可以再换一种。如这个月可以先加1/4鸡蛋黄，观察宝宝大便情况，如果没有异常，可以继续加下去。一周后可以添加菜汁，有的宝宝这个月添加菜汁时，可能会腹泻或排绿色稀便。如果不严重可以继续加，如果严重就要停止了。

（二）喂养技巧

1. 宝宝"厌奶"该怎么喂

这个月，宝宝可能会"厌食牛奶"，减少食量或不愿喝奶。这是由于宝宝的肠道活动过于频繁而导致疲劳，在自行调节食物需求量，只要身体无碍，情绪好就不用担心。如果强行让宝宝喝奶的话，反而会使宝宝没有饥饿感，更不想喝奶。可以间隔3~4小时，让宝宝随意吃，除了母乳和牛奶以外，还可以加喂半流质的蔬菜汤，以补充宝宝成长发育所需要的营养成分。如果有特殊情况必须提早断奶的话，一定要记得给予宝宝更多的爱和温暖。

2. 添加辅食的好处

★补充母乳或牛奶营养素的不足

宝宝满4个月后从母体带来的铁已耗尽，而母乳与其他乳类中铁的含量是比较低的，铁作为红血球中血红蛋白的主要原料，如果不及时通过添加辅食补充，极易发生生理性贫血。

★增加营养以满足迅速的生长发育

随着宝宝逐渐长大，其所需的营养素的量必须按其生长发育的速度有所增加。但母乳的分泌总量和营养成分不能随着宝宝长大而满足需要，所以在4～6月后必须添加一定量的辅助食品。

★ 为断奶作准备

婴儿时期哺流质(乳类)，以后随着年龄增大长出牙齿，以及胃肠消化功能成熟，宝宝饮食就要从流质→半流质→半固体→固体→与成人吃一样的饮食。所以，在断奶前后必须为宝宝准备好适合不同月龄的辅助食品。否则，宝宝就不能适应从吃奶到成人饮食的较大的膳食改变，从而引起营养不良、消化功能紊乱等。

★ 培养宝宝咀嚼功能

当6～7个月乳牙萌出后，宝宝会试用牙龈、牙齿咀嚼食物，及时添加辅食后有利于培养宝宝的咀嚼功能。

★ 训练宝宝吞咽能力

从液体食物向固体食物过渡的喂养阶段是泥状食物阶段，也可称为食物转型期，米粉等泥状食物的添加可以训练宝宝的吞咽能力。

3. 注意事项

4～6个月的宝宝可以添加辅食了。由于宝宝胃肠道比较娇弱，接纳新的辅食有一个适应过程，因此要遵循下列原则，否则容易引起消化功能紊乱。

（1）从少量到多量。如蛋黄，可以先从1/6个补起，逐步增加到1/2个、1个。

（2）由稀到稠。如炖蛋，先要炖成如豆腐花样的蛋羹，逐步再炖成凝固状蛋羹。

（3）由细到粗。如添加肉类，首先喂肉浆、肉泥，逐步再制成肉末、碎肉。

（4）吃惯一种再添一种。鱼肉与豆腐到7个月时都可以添加了，可以先试喂鱼肉，如果宝宝不吐不泻，也没有过敏，隔3～5天后再喂豆腐。

（5）必须在身体健康时添加新的辅食。当宝宝患病时，其消化功能会降低，如果添加新的辅食，容易发生恶心、呕吐，甚至腹泻。当然，原来已经适应的辅食还是可以继续吃的。

（三）宝宝餐桌

1 一日食谱参照

（1）主食：母乳。

餐次及用量：间隔3～5小时，每次90～18毫升。

（2）辅食：

①开水：温开水、凉开水。

②水果汁：橘子汁、番茄汁、山楂水等。

③菜汤：南瓜汤。

以上饮料可轮流在白天两次喂奶中间饮用，每次90毫升。

④浓缩鱼肝油：每次1滴，2次／日。

2.巧手妈妈做美食

家庭自制的婴儿辅食要根据宝宝生长发育不同阶段中消化功能及营养需求来设计。

果汁：将苹果或梨洗净后去皮除核，放入粉碎机中粉碎，然后过滤、去渣、取汁；将橙子洗净去皮后可放入榨汁机中榨汁。

菜水：将新鲜蔬菜洗净、切碎，放入水中煮沸4～5分钟，然后滤出菜水。

蛋黄：将洗净的整个鸡蛋放在水中煮，煮熟后剥取出适量蛋黄，用奶或汤调成糊状即成。

菜泥：将新鲜绿叶蔬菜洗净，细剁成泥、蒸熟；胡萝卜、土豆、红薯等块根蔬菜宜用文火煮烂或蒸熟后挤压成泥状。菜泥也可以加少许素油以急火快炒。

鱼泥：将新鲜鱼去内脏洗净，或入锅蒸熟，或加水煮熟，去净骨刺，挤压成泥即成。

四、护理保健

（一）护理要点

1. 吃喝

★ 怎么吐奶反而厉害了，这正常吗

随着宝宝长大，爸爸妈妈想：总算松口气了吧？用不着那么认真地给宝宝拍嗝了吧？却没曾想到，此时有的宝宝吐奶反而严重了，有时简直就是喷出来了，连小鼻孔里都有奶液。遇到这种情况，肯定会把爸妈吓一跳。此时需要爸爸妈妈细心观察一下，如果宝宝吐奶后，依然吃得香、睡得好，没有什么异常情况，那就不用担心。因为此时宝宝的吮吸力大，有时候饿极了吃得猛就会引起呕吐，尤其多见于比较顽皮的男宝宝们。

★ 妈妈重回职场，提前让宝宝练习吃奶瓶

一般4个月以后，妈妈就要返回职场。如果一直是纯母乳喂养，此时宝宝多会拒绝吃奶瓶、吮吸奶嘴。如果不提前让宝宝适应，到了上班的那一天，宝宝饿得哇哇大哭，妈妈就更加撕心裂肺地难受。即使在工作岗位上，也无法安心工作，还让领导和同事"刮目相看"。既然如此，不如提前做好防御工作。试试以下方法，即使是再倔强的宝宝也会乖乖就范的。

第一步：挤出些母乳盛在奶瓶里给宝宝吃。至少先让宝宝熟悉陌生奶瓶里妈妈乳汁的味道。

第二步：如果宝宝拒绝，那他可能是不适应奶嘴的口感。可以把奶嘴放入热水中软化后再给宝宝试试。

第三步：如果宝宝还是不愿意，可以每天少量多次地尝试以上的方法。

第四步：如果真遇到了一个特别有性格的宝宝，那就等宝宝饿得饥不择食时再给他用奶瓶，一般用几次后也就习惯了。

2. 拉撒

★喂母乳的妈妈看过来

喂母乳的妈妈虽然免去了洗涮奶瓶的烦恼，但是每一个喂母乳的妈妈都要辛苦地"管住自己的嘴"。比如，最好不吃冰箱里拿出来的凉食，更要避免吃冰棍、喝凉饮料（除非您的宝宝总是便秘）；最好不要吃过于油腻的食物，如红烧肉等；最好不吃辛辣的食物；最好不吃凉性的水果和蔬菜。因为吃以上食物容易引起宝宝便稀。除此，如果在冬天妈妈外出回家后最好先喝杯热水，过半个小时再喂宝宝奶，否则也容易引发宝宝便稀。有的妈妈很冤枉地说，我就吃了一口呀！但就是这一口，让宝宝受罪，您也跟着担心。

3. 睡眠

★不要叫醒"梦中人"

这个月宝宝的胃容量增大，如果母乳充足，到了晚上，宝宝很可能一觉睡上六七个小时。有的妈妈担心宝宝白天差不多三四个小时一吃，晚上会不会饿得醒不来呢？这是您过虑了。千万不要因为担心宝宝饿坏而叫醒睡得很香的孩子。因为睡觉时孩子的身体处于安静状态，消耗的能量少了，所以需要吃的频率也就变低了。对于小宝宝而言，睡眠是头等大事，不可被干扰。

4. 其他

★宝宝老吃手怎么办

宝宝出生后第一年称为"口欲期"，是人格发展的第一个基础阶段。此时，他们需要一种安全感，吸吮需求很强烈，尤其在就寝时间更为明显。据调查发现，大多数宝宝在 3 个月以后都会时常吮吸自己的手指且憨态可掬。有时吮吸大拇指，有的用食指抠抠嘴再嘬两口过过瘾，有的干脆用手指去抠嗓子眼儿，或者把整个手都恨不得塞进口中。遇到这种情况很多爸爸妈妈都很担心，有的会一下把宝宝的手强行掰开，这不仅不会阻止宝宝吃手，还会强化他这种行为，并且因为害怕而吃得更厉害。其实，宝宝吮吸手指是大脑发育的一个信号，标志小婴儿有了手口联系，手眼更加协调，并不是一件坏事。这是宝宝认识世界的一种独特方式，不能强制剥夺，也不要大惊小怪。当发现宝宝吃手指时，爸爸妈妈可以轻松地用宝宝喜欢的玩具转移他吃手的注意力；此外，妈妈还可掰着宝宝的小手，做数一、二、三……的游戏；多带宝宝到户外活动；睡前吸吮手指的宝宝，不要在宝宝不困时就哄睡觉。注意，用橡皮奶头代替手指的方法，并不能阻止宝宝吸吮手。至于卫生问题，每天用流动水多为宝宝清洁小手即可，其实吸吮手指吃入的细菌可谓是微乎其微的。通常1岁以后，宝宝就会把吮手转化为手的其他运动能力了。

（二）保健要点

1. 健康检查

宝宝的第二次体检是在出生后第四个月，这次体检主要测试宝宝的身长体重、头围、囟门、能力发育、视力、听力、血液及微量元素。4 个月的宝宝与刚满月的宝宝相比已经长大了很多，爸爸妈妈对养育宝宝也有了更多的认识和经验，但此时您还是不能忽视对宝宝的体检。

2. 免疫接种

满4个月的宝宝第三次口服预防脊髓灰质炎的糖丸，第二次注射白百破疫苗。

3. 预防接种小常识

二类疫苗打不打？针对我国居民健康现状，建议在考虑是否给宝宝接种二类疫苗时，可以参考这样一些因素：一是当地是否出现某种传染病流行。二是以前是否接种过。除了流感疫苗保护期只有一年，其他大多数疫苗都有比较长的保护期，不必重复接种。三是看看是否属于重点保护人群。例如：流感疫苗和肺炎疫苗的重点保护人群是65岁以上的老年人、7岁以下的幼童和体弱多病的人；甲肝疫苗重点接种的人群是没有感染过的儿童及餐饮业工作人员、经常接触甲肝病人的医务人员等。四是有无接种禁忌症。每种疫苗的使用说明书上都开列有禁忌症，即什么情况下不能接种。五是看是否处于疫区。例如出血热疫苗，一般只有生活在疫区和要前往疫区的易感成人才需要接种。

五、疾病预防

常见疾病

4个月的宝宝已经完全脱离了新生儿的特点，进入了婴儿期。此后新手妈妈可能会遇到小儿高热或惊厥等常见的急症症状，学习一些简单的处理方法是必要的。

高热

发热是疾病的症状，高热是小儿最常见的急症症状，一般体温在39.1℃～40.4℃为高热，持续高热可以引起脱水，影响机体代谢，导致神经功能障碍。

原因：感染是小儿高热常见原因，常见感染部位依次是呼吸系统、消化系统、泌尿系统、中枢神经系统及循环系统。可由病毒、细菌、支原体、立克氏体、螺旋体、寄生虫等病原体引起。非感染性高热为风湿热、类风湿、药物热、血清热、白血病、淋巴病、甲亢等。

处理：

（1）确认宝宝是否高热，应在每天上午、下午、晚上各测一次体温。

（2）高热的宝宝，首先应注意卧床休息，多喝温度适中的白开水，并保持口腔清洁，保持室内空气流通。

（3）可用冷水、冰水或冰块敷头部、颈、腹股沟、腋窝等大血管处，也可用温水或用30%的乙醇（酒精）溶液擦浴。

（4）在未确诊前，不用退热药为好，否则会掩盖症状。

（5）2岁以下宝宝，如果持续高热可能会发生热惊厥；既往有热惊厥史或家族中有热惊厥史病人的6个月以下的宝宝应送医院。如高热时出现呼吸困难、发绀、昏迷应急送医院。

六、运动健身

运动健身游戏

1. 俯卧抬头——前臂支撑

目的：在成人逗引下，学习前臂支撑。

方法：继续训练宝宝俯卧抬头，成人站在宝宝头的前面与他讲话，使宝宝前臂支撑全身，将胸部抬起，抬头看成人。还可以在前方用玩具逗引，从左到右，从远到近移动玩具，观察宝宝的反应。也可用镜子照着宝宝的脸，上、下、左、右、远、近地移动镜子，让宝宝前臂支撑着身体看。

2. 屈腿扭腰运动

目的：训练背部力量，发展髋部动作。

方法：

（1）宝宝仰卧，妈妈握住宝宝双脚踝部，抬宝宝左腿屈伸至腹部，然后向体侧移动。之后还原到初始姿势，换右腿做。

（2）将宝宝左腿放到右腿上，宝宝为了放下来，就会扭动腰部，肩也随之扭动。随后再换右腿做。

特别提示：游戏时不要过猛，要让宝宝有扭腰的动作。

3. 荡秋千

目的：促进平衡器官发育，学习保持身体平衡。

方法：拿出大浴巾，宝宝仰卧在大浴巾内，爸爸和妈妈两人各拉浴巾的两个角，抬起浴巾依口令"向左""向右"摆动浴巾，让宝宝在浴巾内荡秋千。如果宝宝非常高兴，可将口令变成歌谣，浴巾随着节拍摇荡，更是充满乐趣。说儿歌《荡秋千》："小宝宝，荡秋千，荡到左，荡到右，荡来荡去荡上天。"

特别提示：游戏中，爸爸和妈妈注意与宝宝的情感交流及情绪变化。

4. 拉大锯

目的：锻炼手臂和胸部肌肉，训练坐的能力。

方法：宝宝仰卧，成人站在他的脚前，让他两手各握住成人的一个拇指，成人用手掌握住他的手。慢慢把手提起来，让宝宝借助成人的力量坐起来，再把他放躺下，熟练后可边锻炼边念儿歌："拉大锯，扯大锯，外婆家，唱大戏。妈妈去，爸爸去，小宝宝，也要去。"

特别提示： 做此游戏时，每次时间不宜长，动作要轻柔，要悠着宝宝的劲。

5. 蹦蹦跳

目的：发展下肢力量，为站立做准备。

方法：扶着宝宝腋下站在成人的腿上，举起宝宝在成人的腿上蹦蹦跳，渐渐地成人就是不举宝宝，宝宝也会在成人的腿上跳跃，这时成人和宝宝边游戏边说"蹦蹦跳"，逐渐让宝宝听懂成人的语言。

七、智慧乐园

益智游戏

1. 妈妈讲故事

目的：训练视听觉和语言理解能力。

方法：成人用亲切柔和的声音、富有变化的语调跟宝宝说话，内容主要是宝宝当前面对着的玩具、用品和名称，如："宝宝，这是你的小汽车""这是你喝水的瓶子"等。还可以把宝宝熟悉的玩具、用品、自己的照片、父母及全家的照片、看过的脸谱等图片指给宝宝看，边看边说，让宝宝理解语言，引起愉快情绪。

2. 玩具王国

目的：发展触觉，训练手的抓握能力和手眼协调能力。

方法：成人为宝宝准备各种质地、色彩、便于抓握的玩具。如摇铃、乒乓球、核桃、金属小圆盒、不倒翁、小方块积木、小勺、吹塑或橡皮动物、绒球或毛线球等等。成人把宝宝抱在桌前，桌面上放几种有不同玩法的玩具，每次放一种。让宝宝练习抓握玩具，并教他玩法。如宝宝抓住摇铃后，成人就告诉宝宝名称——"摇铃"，再抓住宝宝的手把铃摇响，边摇边说："摇摇铃，摇摇铃。"慢慢让宝宝学着自己玩。学会后，再学另一种玩具的玩法。

3. 斗斗飞

目的：锻炼手指肌肉，发展手眼协调能力。

方法：宝宝背靠在成人的怀里坐着，成人用两手分别拿着宝宝的双手，用食指和拇指抓住他的食指，教宝宝把两只食指尖对拢又分开，对拢时说："斗、斗、斗、斗"（每念一次，食指尖对拢一次），分开时说："飞——"。反复进行，逐渐让宝宝一听到"斗斗——飞"，自己就学着对拢食指。

八、情商启迪

情商游戏

1. 解读成人表情

目的：培养愉快情绪，增强母子之情。

方法：这时的宝宝已经会看妈妈的脸了。妈妈俯身面对宝宝的脸，朝宝宝微笑，对宝宝用温柔的声音说话，做各种面部表情，与此同时，拉着宝宝的手摸你的耳朵、摸你的脸，边摸边告诉他："摸摸妈妈脸""这是妈妈的脸"，然后发出"咩咩"好玩的声音，使宝宝高兴，并对妈妈的脸感兴趣。然后和宝宝同时照镜子，妈妈做各种面部表情逗引宝宝，看宝宝的反应。

2. 藏猫猫

目的：训练观察人的表情，培养愉快情绪。

方法：用小毛巾把成人的脸蒙上，俯在宝宝面前，然后发出声音让宝宝把脸上的毛巾拉下来，并笑着对他说："喵儿。"玩过几次之后，宝宝会把脸藏在衣被内同成人做"藏猫猫"游戏。让宝宝喜欢注视你的脸，在玩游戏的同时，成人要有意识地展现给宝宝不同的面部表情，如笑、哭、生气等，训练宝宝分辨面部表情，使宝宝对不同表情有不同反应。

3. 爸爸、妈妈在哪儿呢

目的：培养宝宝与他人的交往能力，同时增进家庭的欢乐气氛。

方法：宝宝坐在中间，爸爸坐宝宝的左边，妈妈坐宝宝的右边。爸爸妈妈都拉着宝宝的手。先逗引宝宝看爸爸，爸爸说："妈妈在哪儿呢？"宝宝转头看妈妈。妈妈问："爸爸在哪儿呢？"宝宝转头看爸爸。

父母也可以分别走到稍微远些的地方和宝宝做此类游戏。

九、玩具推介

4个月的宝宝可以分辨红、绿、蓝三种纯正的颜色，给宝宝选择玩具时一定要颜色鲜艳纯正，尽量选择带有较明显的红色、绿色、蓝色的玩具。如颜色卡片、彩色皮球、彩色布条、彩色小旗等。这个年龄段的宝宝已经能够抓握一些容易握住的物体，要经常让宝宝玩花铃棒、摇铃、拨浪鼓、塑料环、669智慧棒等玩具。此年龄段的宝宝开始把镜子当成玩具，学习照镜子。

十、问题解答

1. 疫苗接种安全吗？

宝宝接种免疫疫苗，都是国家计划免疫项目，是很安全的。接种疫苗时有的宝宝会有较轻反应，对宝宝没有什么伤害，严重的疫苗反应，是罕见的，因此比起对传染病的预防作用，几乎可以忽略不计，妈妈不要拒绝给宝宝接种疫苗。

2. 计划外免疫疫苗，是否应该接种？

不要轻易接种国家计划外的疫苗，在接种前，必须向有关部门(防疫站、有权威的医疗机构等)咨询，了解疫苗的作用、不良反应、在临床中的应用情况、免疫效果、接种意义、疫苗的应用范围等等。

3. 妈妈患病期间能不能喂奶？

要根据病情来决定，主要有下面几种情况：

（1）患一般感冒，不发热，则不必停止哺乳，在喂奶与护理宝宝时戴上口罩，以免把感冒传给宝宝，并选择不会伤害宝宝的感冒药服用。

（2）乳头破裂并发生乳腺炎时，可暂停喂奶，但要按时挤出乳汁，以免乳汁进一步淤积，以及病愈后发生无奶。

（3）患全身性疾病，如肺炎、肾病、心脏病、肿瘤等，因为病情重、病程长，不能喂奶。

（4）患传染性疾病，如活动性肺结核、传染性肝炎、艾滋病，应停止喂奶。

（5）患慢性疾病，乳母要长期服药，同时该药物能通过乳汁影响宝宝健康的，要停止喂奶。

4. 如何鉴别生理性腹泻？

（1）次数每天不超过8次，每次大便量不多。

（2）虽然不成形，较稀，但含水分并不多，大便与水分不分离。

（3）没有特殊臭味，色黄，可有部分绿便，可含有奶瓣，尿量不少。

（4）宝宝精神好，吃奶正常，不发热，无腹胀，无腹痛(腹痛的宝宝哭闹，肢体蜷缩，臀部向后拱)。

（5）体重正常增长。大便常规正常或偶见白细胞，少量脂肪颗粒。

5. 如何解决生理性腹泻？

（1）如果母乳不足，添加牛奶后出现腹泻，可以更换其他品牌的配方奶。

（2）如果仍然无效，可以减少牛奶量，适当添加米粉。

（3）如果添加米粉后反而加重，就应立即停止添加。继续添加配方奶粉，不要选择加铁奶粉(奶粉中额外添加了铁剂，是针对有缺铁性贫血或早产儿的)。

（4）如果使用鱼肝油滴剂补充维生素AD，可改用浓缩维生素D胶丸(10万国际单位／丸，一月一丸)，会减轻生理性腹泻。

（5）如果是纯牛奶或纯母乳喂养，添加辅食后出现腹泻，就应停止辅食，这个月可以不添加辅食。

6. 宝宝总是吸吮手指怎么办？

宝宝出生后，成人用手指轻轻地碰触宝宝的唇部，他就会随着张口，并出现吸吮动作。这一动作是一种反射行为，生理学中称为"吸吮反射"。吸吮反射在宝宝3~4个月时消失。代替它的是主动吸吮动作。

1岁以内的宝宝常常把自己的手放到口里吸吮，这是一种正常的生理现象。大约有90%的正常宝宝都出现过这种行为，我们可以认为这是早期儿童的一种探索和学习行为。也有的宝宝在饥饿或寂寞时，常常以吸吮手指为乐。如果我们把他的手指拿开，就会引起他的强烈不满，以至于哭闹，并形成习惯，形成习惯才能称为吸吮手指或吃手指。

宝宝2~3岁以后，吸吮手指的行为动作逐渐减少。如果此时，吸吮手指的行为不减少，反而增加，甚至当能够用语言表达饥饿或内心感受时，仍旧吸吮手指，并从中获得心理安慰，经成人干预不能改正，就成为一种情绪行为上的问题了。可见只有长到一定年龄后，仍旧通过吸吮手指获得心理安慰，并且不容易纠正，这种情况才能成为情绪行为问题。有的宝宝表现为吸吮嘴唇、吸吮手绢、咬被角。

一般认为吸吮手指是由于家庭养育环境不良或养育方法不当所致。具体如下：（1）喂养不当。人工喂养时乳头太大或母乳喂养乳量不足；哺乳时间太短没有满足宝宝吸吮的需要，手在嘴边摩擦，就容易吸吮手指。另外，当宝宝饥饿时不能及时喂奶，宝宝便以吸吮手指作为抑制饥饿的方法。（2）宝宝缺少成人的呵护，生活单调，较长时间处于孤独状态，觉醒时又缺少玩具，宝宝感到寂寞无聊，导致以吸吮手指自娱自慰。（3）还有人认为宝宝过了吸吮手指的年龄，仍旧吸吮手指，表示他生理发展处于不成熟状态。强制性地制止宝宝吸吮手指，会使宝宝产生焦虑心理，反而会更加不停地吸吮手指。

因此矫正办法要视原因而定；如果不消除养成吸吮手指习惯的原因，吸吮手指的习惯就难以矫正。只有当原因被消除，坏习惯就会不可思议地得到改正。比如：（1）成人要对宝宝的需要给予细心周到的照顾和满足，哺乳可以满足宝宝吸吮的需要，并保证他吃饱，尽量采用母乳喂养。（2）丰富宝宝的生活内容，经常有人与他逗、说，尽可能不要让他一个人独自在小床上玩得时间过长，让他手里有可拿的、眼睛有可看的、耳朵有可听的，有人交往不感到无聊。这些方法既是预防措施，也是矫正方法。（3）宝宝吸吮手指时，可用其他东西作为替代物，分散对固有习惯的注意。（4）对于那些不成熟的宝宝要促进他成熟，帮助宝宝成熟的方法是加强宝宝的运动功能训练，训练宝宝坐、爬、站等能力。运动功能发展可以带动感知觉的发展，继而影响行为趋向成熟。（5）如果经过使用以上的方法仍不能去掉吸吮手指的习惯，那么家长要反思自己育儿的方法和态度，消除家庭环境中造成宝宝紧张的不良因素。一味地戒掉吸吮手指的行为是不能奏效的，家长要以平和、宽厚的心态对宝宝的要求予以反应。

5个月的宝宝

一、发展综述

5个月时宝宝能在有扶手的沙发上或小椅子上靠坐着玩，只要宝宝后背部有一点支撑即可独坐片刻。

宝宝的自理能力进一步增强，学会了用两只手扶住奶瓶，并自己将奶嘴送入口中。会拿着饼干放入嘴中吃，双手与本体感觉相结合的能力进一步增强。

面对宝宝叫他（她）的名字时，他（她）会对你笑，还会发出"哦"的声音回应。如果宝宝俯卧在床上用手撑起上身时，可在他（她）的背后叫名字，宝宝会回头找人。在别的房间宝宝看不见的地方喊宝宝的名字，宝宝虽然看不见，但知道成人就在不远处能很快过来。成人的声音对于宝宝来说就是安全的信号，宝宝会耐心地等着成人来。

5个月的宝宝眼睛会随着活动玩具移动，眼手动作开始协调。听觉更加灵敏，会寻声找玩具。当玩具不小心掉到地上时，宝宝就会用眼睛去寻找玩具。移动小铃铛等发声玩具，宝宝的眼睛会追随着发声的玩具。

这时的宝宝能发出比以前更为复杂的声音，如愉快时发出"咕噜咕噜"的声音，不高兴时会大声喊叫；有的宝宝还学会了咳嗽声音，可以发出一些由辅音和元音拼在一起的声音。

宝宝还能根据自己的需要产生各种情绪，喜、怒、哀、乐皆形于色。

这时由于怀孕后期从母体转移到宝宝肝脏的铁剂已经基本耗尽，要注意给宝宝补充含铁的食物。

二、身心·特点

（一）体格发育

1. 身长标准

男童平均身长为65.9厘米，正常范围是63.2~68.6厘米。

女童平均身长为64.1厘米，正常范围是61.5~66.7厘米。

2. 体重标准

男童平均体重为7.3千克，正常范围是6.3~8.2千克。

女童平均体重为6.7千克，正常范围是5.8~7.5千克。

3. 头围标准

男童平均头围为43.0厘米，正常范围是41.9~44.2厘米。

女童平均头围为42.0厘米，正常范围是40.7~43.3厘米。

4. 胸围标准

男童平均胸围为42.9厘米，正常范围是40.9~44.9厘米。

女童平均胸围为42.0厘米，正常范围是40.7~43.3厘米。

（二）心理发展

1. 大运动的发展

5个月的宝宝可以比较熟练地从仰卧位翻到侧卧位，再翻到俯卧位。

从仰卧位竖直身体坐起，可以靠着成人或物体独坐片刻。

2. 精细动作的发展

5个月的宝宝手部动作逐渐增加，探索意识增强，可以准确伸手抓握物体，摇晃、敲击、摸索的动作较多。

3. 语言能力的发展

5个月的宝宝能够模仿成人发音，有时也会自发地发出一些不清晰的音节。此年龄段的宝宝对自己的名字有反应，有人叫其名字时能回头。

4. 认知能力的发展

当玩具掉到地上，或滚落到某个角落时，宝宝可以用目光跟随寻找失落的玩具。可以指认特别熟悉的物品，如奶瓶等。

5. 自理能力的发展

5个月的宝宝消化功能增强了，手也能握住东西。可以学会自己将饼干放到嘴里。

三、科学喂养

（一）营养需求

这个月宝宝对营养的需求仍然没有大的变化，每日需要热量为每千克110千卡。添加辅食不是要用辅食来代替牛乳。牛乳喂养的宝宝，如果吃得很好，营养还是能满足需要的。

从4个半月起，在母乳喂养的基础上，可以给宝宝添加婴儿米粉、米糊等辅食。此时宝宝体内来自母体的铁已消耗尽了，母乳或牛奶中的铁又远远满足不了宝宝的需要，如果不及时补充，就会出现缺铁性贫血。因此，在这个月里应及时给宝宝添加蛋黄，也可以加铁强化纯米粉，或每天1汤匙米糊。浓鱼肝油滴剂应从每天2滴逐渐增至4滴，分2次喂食。菜汁、果汁应从3汤匙逐渐增至5汤匙，分2次喂食。此月内可以添加的食物有米汤、土豆、红薯、白萝卜、豌豆、南瓜、蛋黄。

在添加辅食时，即使宝宝喜欢某种食物，也不要喂过量。如果因吃多而出现大便变多变稀的情况，只要宝宝精神好、无异常的话，就不用担心，可以继续喂该种食物，如果妈妈还是不放心的话，也可以暂时停喂几天，让宝宝的肠胃自己适应调整。

（二）喂养技巧

1. 如何添加辅食

开始喂辅食时（初期辅食阶段），仍然以奶类为主，辅食要和母乳或者奶粉交叉着喂。初次添加建议在上午，即使吃了有什么不适应的话，下午还能去看医生。头一个星期里每日上午喂1次辅食，可以在稍微喂一些牛奶或母乳后，喂1/4小勺的辅食，接着喂牛奶或母乳。在喂辅食时，必须抱着宝宝，让其上身保持直立姿势。等到宝宝可以坐起时，就让他自己坐着吃。最好使用前端短又平的小勺，每次舀少许食物放在勺子上，送入宝宝舌头中后部，让其了解食物在嘴里的感觉，并练习吞咽的动作。用小勺一点点地喂，会比宝宝吸吮奶瓶所用的时间更长，这时妈妈应有足够的耐心，这也更容易使宝宝在吃的过程中培养使用勺子的习惯。如果宝宝看到勺子就转过头去、紧闭嘴唇拒绝或表现出不耐烦，则表示吃饱了。

添加新食物后的最初几天，注意观察宝宝的大便。如果发现大便中原样排出新食物，此时不可加量。等到宝宝大便正常时，才可以增加用量。当宝宝进食新食物时，大便颜色会改变。皮疹、腹泻、呕吐、气喘或鼻塞都可能是食物过敏的信号，因此，刚开始时注意小心给宝宝喂柑橘类及海鲜类辅食，这类食物容易引起宝宝过敏。如发生不适应停止喂新食物，如果只是出了少许皮疹，那妈妈不需太担心；如果发生严重的呕吐、呼吸困难等症状，需要立即去医院急诊处理。而且妈妈要细心一点，详细记录宝宝添加新食品的时间和品种、宝宝的任何反应及喂食次数。

刚开始时，宝宝吃辅食的量并不大，为了那点儿食物，妈妈可能要花上不少时间来准备。现在市场上有不少婴儿辅食产品可供选购，方便，干净，品种又多，可以节省做辅食的时间，多带宝宝出去散散步或者交流。遇到一些稍稍难做的辅食时，可以购买相应的成品辅食。

2. 把握添加辅食最佳时机

何时开始添加辅食，对年轻的新手父母来说，真是个棘手的问题。喂早了，宝宝消化不了，适得其反；喂晚了，又影响宝宝以后的咀嚼能力。其实只要细心观察，就可以一切搞定。当宝宝出现以下种种表现时，就意味着可以喂辅食了。

（1）体重已达到出生时体重的2倍，通常为6千克。早产儿或出生体重2.5千克以下的低体重儿，添加辅食时，体重也应达到6千克。

（2）每天喂奶多达8次以上，或一天吃奶粉达1000毫升，宝宝仍然饿或有较强的求食欲。

（3）宝宝会对别人吃东西很有兴趣，眼睛看着食物从盘子到嘴里，并且小嘴会跟着动，表现出想吃的样子。

（4）当小勺碰到嘴唇时，宝宝表现出吸吮动作，能将食物向口腔后送，并吞下去；当触及食物或喂食者的手时，宝宝会表现出笑容并张嘴，有进食愿望。

（5）通常生长速度快又较活泼好动的宝宝，要比长得慢又文静的宝宝需要早一点添加辅食。人工喂养较混合喂养及母乳喂养的宝宝添加辅食要早。

（6）有过敏症状的宝宝，应该在出生6个月后再开始喂辅食。

3. 注意事项

如果母乳不足，宝宝又不吃牛奶，也就只有添加辅助食品了。一天先添加20～30克的米粉，观察宝宝大便情况，如果拉稀，就减量或停掉，或换加米汤、肉汤面等。市场上有婴儿吃的小罐头、鸡肉松、鱼肉松等半成品。但是给5个月龄的宝宝喂食这些半成品，并不是最好的辅食添加选择，辅食添加不当，导致宝宝腹泻，达不到增加营养的目的，反而会让宝宝丢失掉原有的营养，很不值得。

（三）宝宝餐桌

1. 一日食谱参照

（1）**主食**：母乳。

餐次及用量（900克／日）：每隔4小时1次，每次喂110～200毫升（上午：6：00、10：00；下午：2：00、6：00；晚上：10：00）。

（2）**辅食**：

①温开水、鲜榨果汁、菜汁、菜汤等任选1种，每次喂奶时喂70～95克。

②浓米汤：在上午10：00喂奶时添加，1次／日，每次2汤匙，后渐加至4汤匙。

③蛋黄泥：每日上午10：00、下午2：00各喂1次。

④浓缩鱼肝油：2～3滴／次，2次／日。

2. 巧手妈妈做美食

★ 米糊

对宝宝来说，米糊是很好的食物，因为大米的谷蛋白含量最低，引起过敏的几率很低。最开始喂的时候，将水与大米按5∶1的比例熬成米糊，有点儿像汤水那样稀，比较适合才开始吃辅食的宝宝。在喂辅食最开始的2周内，先喂纯米糊；在接下来的时间里，以3～5天为一个周期，每个周期在米糊里添加新的食物，不能几种食物一起添加。既可以给宝宝换个口味，又可以了解宝宝对何种食物感兴趣和可能会引起过敏反应的食物。在米糊中加入食物时，要先添加蔬菜，后添加水果，否则尝过水果甜味的宝宝就会不喜欢吃蔬菜。可以添加的蔬菜有南瓜、菠菜、白菜。米糊做法：

纯米糊：大米10克，水半杯。大米洗净，在冷水中浸泡1小时左右，磨成粉末状。将水倒入磨碎的米粉中，先用武火煮沸，再用文火煮熟。

牛奶母乳米糊：大米10克，水1/3杯，牛奶或母乳1/4杯。大米洗净，在冷水中浸泡1小时后，放入锅内。加入适量的水，武火煮沸，再改用文火慢慢熬，如果米糊越煮越稠的话，可以补充少许母乳或牛奶。快煮成时，将余下的母乳或牛奶一起倒入锅中，搅拌再煮1分钟即可。

南瓜米糊：大米10克，新鲜南瓜5克，水半杯。大米洗净，在冷水中浸泡约1小时后，去水放入锅内。南瓜洗净，去瓤，切成极小块。在切好的南瓜中加入适量的水，搅拌成糊状，再将大米倒入南瓜糊中，用武火煮。煮沸后，改文火继续煮，不时用饭勺搅拌。

★蛋黄

蛋黄含铁较丰富，又能被婴儿消化吸收，是最适合的营养食品之一。给宝宝添加蛋黄，并不单单是指鸡蛋黄，也可以添加鹌鹑蛋、鸭蛋的蛋黄。以鸡蛋为例，先将鸡蛋煮熟，分离蛋白蛋黄。取1/4个蛋黄用开水或米汤调成糊状，用小勺喂。也可以将鸡蛋煮熟后，取出蛋黄，用小勺碾碎，取 1/4 个直接加入煮沸的牛奶中，反复搅拌至混合均匀，稍凉后喂宝宝吃。若宝宝食后无腹泻等不适，再逐渐增加蛋黄的量，半岁后便可食用整个蛋黄了。人工喂养的宝宝，最好在第二个月时开始加蛋黄，可将 1/8 个蛋黄加少许牛奶调为糊状，然后将一天的奶量倒入调好的糊中，搅拌均匀。煮沸后，再用文火煮 5~10 分钟即可，分几次给宝宝吃。

宝宝此时尚不宜吃蛋清。这是由于宝宝的消化系统还没有发育完善，肠壁的通透性比较高，蛋白的分子小，可以通过肠壁直接进入血液中，使宝宝对异性蛋白分子产生过敏反应，易引起湿疹、荨麻疹等皮肤病。等宝宝 10 个月大时就可以吃整个鸡蛋了。

★汤

牛肉汤：牛肉 300 克，切成小块，洗净后放入锅里，加入 7 杯水。武火煮沸，撇去表面的血沫，再用文火煮 30 分钟~1 小时。

青菜汤：新鲜青菜洗净、切碎，放入锅中加少量水煮 4~5 分钟。滤渣取菜汁，待温装入杯或瓶中，喂给宝宝吃。

南瓜汤：新鲜南瓜 100 克，牛奶 100 毫升。南瓜洗净、削皮、去瓤，放入锅内蒸熟，捣碎成泥。将牛奶加入南瓜泥中，武火煮沸后，文火煮至稠状即可。

★鲜榨果汁

自榨果汁要注意卫生，榨汁机要清洗干净，并要注意果汁是否有较大的渣滓或果核，可用干净的纱布滤一下，放在奶瓶中或小杯子中喂给宝宝。果汁最好现喝现榨，不要把剩下的放存在冰箱里，因为第二天果汁质量就没有保证了。宝宝一次没喝完的果汁，妈妈喝完是很好的办法。

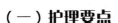

四、护理保健

（一）护理要点

1. 吃喝

★ 怎么添加辅食

通常宝宝4个月以后就可以开始添加辅食了。但如果母乳特别充足，也可以再等一两个月再添加。但最晚不要超过半岁，因为此时添加辅食，不仅仅是给宝宝添加营养，更是要给他提供多种滋味让他熟悉不同食物的味道，以免日后发生偏食、厌食。所以，当您的宝宝具备下列条件时，就可以考虑给宝宝加辅食了。

（1）体重是出生时的2倍，至少达到6千克。

（2）有吃的欲望。比如宝宝看见成人吃东西，会眼睛直勾勾地盯着，并且不停地动嘴巴，有时还会去抢成人的勺子、筷子。

（3）宝宝的发育情况。比如，宝宝能控制头部和上半身，能够扶着或靠着坐，胸能挺起来，头能竖起来，宝宝可以通过转头、前倾、后仰等来表示想吃或不想吃，这样就不会发生强迫喂食的情况。

★ 添加辅食应注意

刚开始给宝宝添加辅食，一般先添加蛋黄和果蔬水。但爸爸妈妈应留意：

（1）先从1/6或者1/8个蛋黄开始添加。用水或奶调匀成稀糊状，每天1次，在两顿奶中间添加。连续吃3～5天后，如果没有什么不适反应，如腹痛、出疹子等，可以换一种调味汁，如淡橙汁或西红柿水。否则只是一种吃法，宝宝也会吃腻的。

（2）此时，宝宝肾功能发育不完善，还不适合喝纯果汁或菜汁。正确做法是：将水果或蔬菜放入三四倍水中煮沸3～4分钟，待冷却后用奶瓶或小勺喂。

（3）刚开始，每次喝几毫升就行。如果宝宝拒绝，可换另外一种，或者几天后再给他喂，直到他慢慢接受这种味道。

2. 拉撒

★应对便秘有办法

有些宝宝断母乳换奶粉后常发生便秘和排便困难，由于宝宝的肛门括约肌已经有一定的控制力，经过几次痛苦的排便困难后，便会憋住排便以减轻痛苦，往往形成恶性循环。对便秘的处理方法有：

（1）给宝宝多喝水，吃些胡萝卜泥、香蕉泥能良好缓解便秘；给宝宝喝5～10毫升香油润润肠道。

（2）隔着衣服，给宝宝顺时针按摩腹部，每日3次，每次几分钟。

（3）用温热湿毛巾给宝宝敷敷肛门，再用干净手指轻轻给宝宝按摩肛门附近，以刺激肠道，加速排便。

（4）使用开塞露时需遵医嘱。

3. 睡眠

★爸爸妈妈培养宝宝睡眠习惯的几个误区

现代医学研究发现，宝宝在睡眠中，体内会分泌出一种生长激素，促使宝宝长得更高。而睡眠不好的宝宝，其身高一般低于同龄孩子。因此，为了不让宝宝在生长发育高峰期生长落后，妈妈们就一定要关注宝宝的睡眠。

误区一：固定宝宝的睡眠姿势。如用两个小枕头夹住宝宝，以防宝宝蹬被子或在床上打滚。这样长时间固定宝宝的睡姿，容易让宝宝睡成"扁头"，且睡觉时不能换姿势，会影响宝宝睡眠质量。

误区二：让宝宝含着奶头睡觉。这样很容易使乳汁误入气管，如果是正在长牙的宝宝含着奶头睡觉，食物很容易在口腔里发酵，腐蚀牙齿。尤其与孩子同床的妈妈，经常会为了省事，用奶头堵宝宝的嘴，这样就形成了宝宝不吃奶头睡不踏实的坏习惯，这样既影响宝宝睡眠也影响成人睡眠。可尝试给醒来找奶吃的宝宝喂些温开水，慢慢戒除他的不良习惯。

误区三：让宝宝与爸爸妈妈同床。成人呼出或排出的废气包围了小宝宝，且宝宝肢体不能自由活动，因此同床不利宝宝健康。

4. 其他

★ 训练穿衣、盥洗配合动作

给宝宝穿衣盥洗时，动作应轻柔，态度要和蔼。多用语言和表情鼓励他，使宝宝愿意愉快、积极地配合。要结合穿衣盥洗的动作和宝宝讲话，发展他对语言的理解能力和语言与动作的配合能力。如每次穿上衣时，教宝宝"伸伸左手，伸伸右手"；穿袜子、鞋子时发出口令"伸出小脚丫"；洗手时，对宝宝说"洗洗小手"；洗脸时说"闭上眼睛"，要教宝宝认识各种衣服的名称，懂得动作的名称和配合动作。还可以使用游戏的方法，使宝宝乐于配合。如穿裤子时，告诉宝宝要做一个"小丫丫钻山洞"的游戏，用亲切、丰富的表情和语言，有趣的方法，培养孩子配合成人的好习惯。

（二）保健要点

1. 免疫接种

满5个月的宝宝要打第三针百白破疫苗。

2. 预防接种小常识

在打算带宝宝预防接种的前三天，爸爸妈妈应细心观察宝宝是否有感冒发热、皮肤过敏或皮疹，是否是慢性疾病急性发病期。如果有此类情况，应该推迟疫苗接种时间，等宝宝症状完全消失一个星期后再去接种，也可拨打接种医院的电话咨询。

五、疾病预防

常见疾病

营养不良和维生素D缺乏性佝偻病都是小儿全身性疾病，连同小儿肺炎和婴幼儿腹泻俗称小儿四大病，是影响小儿生长发育的常见病、多发病。

1. 营养不良

儿童的营养状况是衡量儿童健康水平的灵敏指标。由于蛋白质—热量摄入不足而造成的营养缺乏症，称为蛋白质—热量营养不良，简称营养不良。营养不良是危害儿童身心健康的常见病。世界卫生组织专家估计，发展中国家约有1/3的儿童营养不良。婴幼儿时期营养不良，不但影响健康水平，学龄期的生理和智力发育也会受到影响。

原因：

（1）长期喂养不当，造成热量摄入不足。比如出生就没有母乳，或者母乳不足。人工喂养乳汁配制过稀摄入量不足，使热量及营养物质长期不能满足小儿生理需要，就会引起营养不良。另外早产儿、低出生体重儿喂养不当，更容易发生营养不良。

（2）反复感染或患其他疾病。小儿最易患呼吸道感染和腹泻，造成食物摄入量不足和消化吸收障碍。

（3）相关的社会环境。很多研究表明，小儿营养不良与家庭的社会经济状况、饮食习惯、居住环境、安全用水有密切关系。

表现：营养不良首先出现的是体重不增反而减轻，消瘦、皮肤没有弹性、面色焦黄、精神不振。轻度营养不良早期身高不受影响，长期重度营养不良可使身高增长缓慢。

评价：小儿的体重变化能灵敏地反映出小儿近期的营养状况，以及喂养和疾病情况。身高反映的是一种较长时间的影响。

防治：要以预防为主，包括以下几方面：

（1）定期测量体重，及早发现体重的变化，预防营养不良的发生。

（2）鼓励支持母乳喂养，尽量保证宝宝出生后4~6个月用纯母乳喂养。

（3）及时添加辅食，给宝宝充足的热量摄入。增加进食次数，根据年龄每日保证进餐4~5次。

（4）当所添加的辅食以淀粉为主时，需要强调每餐在面糊、米糊内加植物油或动物油5~10毫升，以提高热量摄入。

（5）在经济条件差的地方，鼓励家长在饮食中多给孩子豆制品和蛋类。

2. 维生素D缺乏性佝偻病

维生素D缺乏性佝偻病是一种常见的小儿全身性疾病，由于维生素D不足，引起钙、磷代谢失调和骨骼改变。同时影响神经、肌肉、造血、免疫等组织和器官的功能，影响小儿健康生长。

原因：维生素D缺乏是本病的主要原因。

表现：

（1）早期：2~3个月的小儿便可出现早期的表现，如：多汗、易激惹、夜惊、烦躁不安等。

（2）活动期：头部、胸部、脊柱、四肢的骨骼都可以发生改变，出现乒乓颅、方颅、马鞍颅，胸部可以看到或触到肋骨串珠和肋软骨沟以及鸡胸。7~8个月的患儿腕部和踝部可见佝偻病手脚镯，学走路前后，由于骨质软化，可以出现"O"形和"X"形腿。

（3）后遗症期：3岁以上的小儿症状消失，留下不同程度的骨骼畸形，这是后遗症期。

防治：

（1）佝偻病的预防应该从围生期开始，鼓励孕妇多到户外活动，多晒太阳，多吃含维生素D、钙、磷和蛋白质的食物。

（2）出生后的预防：要提倡母乳，及时添加辅食，尽早开始户外活动。对早产、双胎、人工喂养或冬季出生的小儿可给以药物预防。

（3）本病的治疗在于控制活动期，防止畸形和复发。早发现、早治疗是必要的，但一定要按照医生的医嘱坚持服药。

六、运动健身

运动健身游戏

1. 靠坐

目的：训练身体的支撑力量，为会独立坐做准备。

方法：将宝宝放在有扶手的沙发上，让宝宝靠坐并拿宝宝喜欢的玩具逗引他，如果坐不好成人可给予一定的支撑，让宝宝练习坐，以后成人支撑宝宝坐的力量要逐渐减少，每日可连续数次，每次5~10分钟以上，也可根据宝宝的情况逐步增加时间。

2. 感受运动

目的：训练宝宝的平衡能力，及对音乐的感受力。

方法：成人对宝宝说"宝宝听，真好听"，引起宝宝的听觉注意。成人听音乐的前部分做动作，当听到长音时，成人要蹲下，然后再随音乐节奏站起来。当宝宝对游戏产生兴趣时，让宝宝坐在成人的肩上一起游戏。音乐响起成人随着节奏行走，当听到音乐中出现长音时，妈妈蹲下，再站起来一次，继续向前走。

特别提示：跟随音乐游戏下蹲后，妈妈站起来的速度一定要慢。

3. 单臂支撑

目的：训练前臂的支撑力，为匍行做准备。

方法：宝宝双臂俯卧支撑着上半身时，成人用玩具在宝宝一侧手臂上方逗引他够取玩具。使其抓取玩具的一瞬间单臂支撑上半身。继而再轮换另一侧手臂支撑。每天3～4次，累计半小时。

4. 伸手抓取

目的：锻炼躯干控制能力，发展平衡能力。

方法：

（1）成人双手扶宝宝腋下，让其坐好，使宝宝双手支撑着床面，用玩具逗引宝宝抬头，直起身体，成人慢慢移开扶着宝宝的双手，让宝宝独坐片刻，若宝宝身体歪了可将其扶正，让宝宝独坐时间逐步延长到5秒钟以上。

（2）让宝宝仰卧，成人用一件稍大些的色彩鲜艳的带响玩具，逗引宝宝，引起他的注意和兴趣。将玩具靠近宝宝一侧的手，慢慢引诱他伸手抓取。先协助翻身——侧位——俯位。待宝宝翻身成俯位后，再将玩具放在面前。再次引诱他伸手抓取，抓到玩具后立即给予奖励。

5. 扶腋下跳

目的：发展下肢力量为跳跃做准备。

方法：扶着宝宝腋下站在成人的大腿上，举宝宝蹦起再落下到成人大腿上并跪下。反复练习，同时边说"蹦蹦跳"，渐渐地成人不举他，宝宝也会在成人腿上跳跃、蹦跶。宝宝与成人面对面，成人双手扶宝宝腋下，让宝宝前脚撑着床面喊"一、二、三"抱起宝宝，离开床面再回原位。成人同时说"跳，跳"，跳时动作要轻快自然。反复练习。

七、智慧乐园

益智游戏

1. 模仿妈妈发音

目的：刺激宝宝语言能力的发展。

方法：妈妈与宝宝面对面，用愉快的口气与表情发出 "啊—啊""呜—呜""喔—喔""咯—咯""爸—爸""妈—妈"等重复音节，逗引宝宝注视妈妈的口形，每发一个重复音节应停顿一下，给宝宝模仿的机会。也可抱宝宝到穿衣镜前，让他看清妈妈的口形和自己的口形，练习模仿发音。宝宝模仿发音很像的时候，成人要给以积极的鼓励和回应。成人对宝宝发音的应答可以刺激宝宝大脑的发展，为孩子以后语言交流意识打下良好的基础。

2. 小手摸一摸

目的：让宝宝去感受不同质地的物体的刺激，促进触觉感知的发展。

方法：成人为宝宝准备不同质地的安全的物品，如小布条、小绒条、小纸条、小海绵条、小橡皮条等，放在地垫上和宝宝一起游戏。

成人抱着宝宝坐在地垫上，成人先将游戏物品藏在手里，吸引宝宝的注意，然后一样一样逐渐取出来，递到宝宝手中，让宝宝去抓捏。妈妈说："宝宝，小布条，小手摸一摸；宝宝，小绒条，小手摸一摸；宝宝，小纸条，小手摸一摸；宝宝，小海绵条，小手摸一摸；宝宝，小橡皮条，小手摸一摸。"

3. 小鼓咚咚

目的：练习拍的动作，发展手部动作的协调性。

方法：妈妈、爸爸和宝宝一起做游戏。妈妈对宝宝说：妈妈帮你找到一个好朋友，它叫"小鼓"。然后拿出小鼓对着宝宝说"宝宝好"。妈妈用双手拍打鼓面，让宝宝听鼓声，然后边拍边说："妈妈的小鼓，咚咚咚。"然后，爸爸协助宝宝边有节奏地拍打小鼓边说："宝宝的小鼓，咚咚咚。"以此回应妈妈。妈妈边有节奏地拍打自己的小鼓边说："妈妈的小鼓，咚咚咚。"然后，爸爸协助宝宝有节奏地拍打小鼓回应，把"宝宝"改成宝宝的名字。

八、情商启迪

情商游戏

1. 贪吃的小猪

目的：增强宝宝手指、脚趾关节的灵活性，增进亲子感情。

方法：

（1）准备材料：音乐《贪吃的小猪》、垫子。

（2）播放音乐后，成人说："小蚂蚁很勤劳，可是小猪却很贪吃，看看小猪都爱吃什么！"

（3）播放音乐《贪吃的小猪》。

贪吃的小猪

这只小猪爱吃鱼，（转动宝宝的拇指，说到最后一个字时提一下指尖）

这只小猪爱吃肉，（转动宝宝的食指，说到最后一个字时提一下指尖）

这只小猪爱吃青菜，（转动宝宝的中指，说到最后一个字时提一下指尖）

这只小猪爱喝汤，（转动宝宝的无名指，说到最后一个字时提一下指尖）

这只小猪把好吃的东西全部吃到肚子里！（转动宝宝的小指，说到"到"时提指尖，说到"肚子里"时，拿宝宝的手轻轻拍宝宝的肚子）

2. 骑大马

目的：引起愉快情绪，培养父子之情。

方法：宝宝最喜欢骑在爸爸的脖子上，随音乐有节奏地跳跃。爸爸一面走一面说："嗒、嗒、嗒，大马大马跑得快。"做多次以后，孩子主动配合作出回应的动作。在快乐中与爸爸共同参与活动。爸爸在举起和放下宝宝时，注意动作要轻，将宝宝扶稳，千万不要做抛起和接住的动作，以免失手让宝宝受惊或受伤。

3. 照镜子

目的：发展宝宝专注力，学习认识自己。

方法：照镜子能引起宝宝的观察兴趣，让他学会注意镜子里面的自己，而且可以把注意力分别集中在身体的各个器官和不同的部位。抱着宝宝，让他看镜子里面的自己，问他："宝宝看，这是谁呀？哪个是宝宝呢？"他会感到很新奇，会边玩、边摸和拍打镜子。这时成人要用手指

115

着宝宝反复叫他的名字："这是××！"再指着宝宝的五官以及头发、小手、小脚等，并用宝宝的手指点他自己的身体各个部位。

九、玩具推介

经过4个月的练习，宝宝已经能较准确地抓握面前的物体了，但仍然要继续练习抓握动作，应该为宝宝选择不同形状、不同大小和不同质地的玩具，促进其感知觉的发展。如大小不同的积木块、几何形体组，以及大小不同的塑料球、皮球、触觉球、软布球等。另外还可以将宝宝经常用的物品，如奶瓶、杯子、手绢等当成玩具与宝宝做游戏。

十、问题解答

1. 预防接种中常见哪些问题？

（1）到了预防接种时间，宝宝正好患病。如果宝宝仅仅是轻微感冒，体温正常，不需要服用药物，特别是不需要服用抗菌素，可以按时接种，接种后1～2周不吃抗菌素类药物。如果必须服用，要向预防接种的医生说明，是否需要补种。如果发热，或感冒病情较重，必须使用药物，可暂缓接种，向后推迟，直到病情稳定。如果服用抗菌素，要在停止使用后1周接种。

（2）向后推迟了某种疫苗接种，以后的接种是否推迟？以后的接种可顺延向后推迟，但只需向后推迟那个被推迟的疫苗，其他疫苗可继续按照接种时间进行接种。

（3）如果和某种疫苗碰到一起了，是否能同时接种？预防接种医生会根据相碰的疫苗的种类，判断是否可以同时接种，还是间隔一段时间，间隔多长时间，先接种哪一种，由预防接种医生根据具体情况决定。

（4）吃药对预防接种效果的影响。原则上讲，药物对预防接种效果是有影响的。但抗菌素对预防接种疫苗影响最大。如果是口服疫苗，微生态制剂对疫苗影响也不小。在接种疫苗前后2周，最好不使用任何药物。

（5）刚接种完疫苗就有病了是否需要补种？可能会降低免疫效果，但不会因此而丧失了免疫效果，不需要补种。

2. 当宝宝咬妈妈乳头时怎么办？

有的宝宝4个月就开始有牙齿萌出。在牙齿萌出前，宝宝会咬乳头；妈妈的乳头本来让宝宝吸吮得很嫩了，宝宝一咬会很痛的。当宝宝咬妈妈的乳头时，妈妈本能地会向后躲闪，结果宝宝还咬吸着乳头，会把妈妈的乳头拽得很长，使妈妈更痛。宝宝还没有吃饱，一往外拽乳头，宝宝会更加死死地咬住乳头，使妈妈出现乳头皲裂。

当宝宝咬乳头时，妈妈马上用手按住宝宝的下颌，宝宝就会松开乳头的。如果宝宝要出牙，频繁咬妈妈的乳头，喂奶前可以给宝宝一个没有孔的橡皮奶头，让宝宝吸吮磨磨牙床。10分钟后，再给宝宝喂奶，就会减少咬妈妈乳头了。

3. 为什么有的宝宝不喜欢吃母乳？

当母乳不足时，妈妈就开始给宝宝补充配方奶粉。配方奶粉一般是比较甜的，这使得宝宝很喜欢吃；奶瓶的孔眼比较大，出乳容易，速度快，对于嘴急、奶量大的宝宝来说，是很好的事情，要比母乳省力得多。这样的宝宝不拒绝吸奶瓶，也不讨厌橡皮奶头的味道，也不嫌橡皮奶嘴硬(价格比较贵的奶嘴，几乎接近了妈妈乳头的感觉)，这就使得宝宝不再喜欢费力吃妈妈的奶了。

4. 如何给不断母乳的宝宝加牛奶？

食量大的宝宝，本月可能发生母乳不足。若出现以下情况，就说明母乳已经不足：

（1）宝宝吃奶间隔时间缩短了，半夜不起来吃奶的宝宝开始起来哭闹，不给奶吃就不停地哭。

（2）妈妈再也不感觉奶胀了，不再有奶惊了，当宝宝吃奶时，突然把奶头拿出来，奶水只是一滴一滴的。

（3）宝宝大便次数少了，或次数多但量少了，体重增长缓慢，一天增长不足10克，或一周增长不足100克。

母乳不足，就每天加两次牛奶。要注意，一定不能无限制地加下去，这样会影响宝宝对母乳的吸吮，使母乳量进一步减少，母乳仍然是这么大宝宝的主要食品。添加牛奶，要一顿一顿添加，不要一顿奶中，又有母乳，又有牛奶。

也许会遇到添加牛奶困难的情况。只要宝宝体重还在增长，就继续母乳喂养，不要因为宝宝喝牛奶而把母乳断了。可以给这个月的宝宝添加一些辅助食品。

6个月的宝宝

6 GE YUE DE BAOBAO

一、发展综述

6个月的宝宝不需要成人帮就已经能够坐稳了。他们能够坐着玩各种玩具，视野也比以前开阔了许多。这时，成人把宝宝扶着站在腿上，宝宝会欢快地蹦蹦跳跳，腿的力气也比以前大得多。宝宝的行动更加自如，成人用玩具吸引宝宝的注意力，宝宝可以自如地从仰卧变成侧卧，再到俯卧，再从俯卧转成仰卧。这时如果想拿走宝宝手里的玩具，宝宝会紧紧抓住不放。宝宝仰卧时，如果把毛巾放在他（她）的脸上，宝宝会用手拿开。宝宝到了6个月，有了一样新的本领：能将玩具从一只手移到另一只手。

6个月宝宝的视敏度已经接近成年人水平，6个月大的宝宝眼睛已有成年人的2/3大，看物体是双眼同时看，从而获得正常的"两眼视觉"，而距离及深度的判断力也继续发展。这时他们的视力已经不像新生儿时那样是模糊的了，世界在他们眼中已经清晰好多了。他们能注视周围更多的人和物体，还可以注视细小的物品，能分辨声音的来源与方向。

6个月的宝宝对人的反应有了区别，对人的反应有所选择，对妈妈更为偏爱，对妈妈和他所熟悉的人及陌生人的反应是不同的。这时的宝宝在妈妈面前表现出更多的微笑、咿呀学语、依偎、接近；而在其他熟悉的人，比如家里其他成员面前这些反应则要相对少一些；对陌生人这些反应就更少了。此时的宝宝表现出对生人惧怕、紧张、恐惧甚至哭泣、大喊大叫，开始认生。

一部分宝宝在6个月时开始长牙了，妈妈要为宝宝出牙做好准备。

二、身心特点

（一）体格发育

1. 身长标准

男童平均身长为 67.8 厘米，正常范围是 65.1～70.5 厘米。

女童平均身长为 65.9 厘米，正常范围是 63.3～68.6 厘米。

2. 体重标准

男童平均体重为 7.8 千克，正常范围是 6.9～8.8 千克。

女童平均体重为 7.2 千克，正常范围是 6.3～8.1 千克。

3. 头围标准

男童平均头围为 44.0 厘米，正常范围是 42.9～45.4 厘米。

女童平均头围为 42.9 厘米，正常范围是 41.6～44.3 厘米。

4. 胸围标准

男童平均胸围为 43.8 厘米，正常范围是 41.6～45.9 厘米。

女童平均胸围为 42.7 厘米，正常范围是 40.6～44.8 厘米。

（二）心理发展

1. 大运动的发展

6个月的宝宝可以独坐一会儿。成人扶着他站立时，会有串跳的动作感觉。这时的宝宝能够趴着往前蹭，这是爬行的基础。

2. 精细动作的发展

6个月的宝宝能够抓取小物体。这时的宝宝还会扔掉东西，再捡起，多次重复。玩积木等玩具时可以倒手。

3. 语言能力的发展

6个月的宝宝能听懂一些话，可以听声音辨别熟悉的人。这时的宝宝模仿发音更加清晰，看见娃娃可以发出"娃娃"声。

4. 认知能力的发展

6个月的宝宝已经有一定的记忆能力，能够区别熟悉的人和陌生的人，听到声音能够用眼睛看其较熟悉的事物，比如"灯"。

5. 自理能力的发展

此年龄段的宝宝对大小便有明显的声音反应。许多固体的食品，宝宝都可以自己喂食到嘴里。

三、科学喂养

（一）营养需求

1. 婴儿期合理选用蛋白质

婴幼儿是儿童时期发育最快的阶段。婴儿愈小，生长过程就越快，所需要的蛋白质也愈多。出生头两个月，50%的蛋白质用于长身体。1岁以后生长速度下降，幼儿期约有11％的蛋白质用于生长发育。婴儿摄入的蛋白质不仅要数量充足，而且质量要好，以满足对必需氨基酸的需要，婴儿对各种氨基酸的需要量，按单位体重计算较成人高。

母乳乳汁以乳清蛋白为主，其与酪蛋白的比值为80：20，而牛奶中两者的比例为20：80，乳清蛋白在胃酸作用下，形成小而柔软的絮状凝块，容易被婴儿消化吸收。母乳中必需氨基酸组成好，牛磺酸含量较高，且含大量免疫球蛋白。母乳蛋白质含量虽低于牛奶，但生物利用率高，更有利于婴儿生长发育。

2. 吃配方奶也要加辅食

6个月的宝宝所需热量及各种营养成分，和上月龄相比并无多大变化。随着宝宝月龄的增加，母乳的质和量都在逐渐降低，如果母乳不够的话，建议首选配方奶补充不足。配方奶是根据宝宝月龄所需营养调配的，可满足各时期宝宝营养需求。但是，妈妈们仍然不能忽视添加辅食。因为最晚从宝宝6个月开始添加辅食，锻炼半年左右，宝宝才会顺利过渡到吃成人的饭菜，否则，延误了宝宝锻炼咀嚼能力的关键时期，会为他今后适应正常饮食造成困难。

（二）喂养技巧

1. 母乳喂养

妈妈应该尽量将母乳喂养坚持到宝宝6个月大。可以逐渐延长喂奶间隔，缩短喂奶时间。宝宝10天内体重增加150～200克为正常；超过200克，要加以控制；超过300克，就可能成为肥胖儿。成人可以在喂奶前喂些水或菜汤。

★可以准备一些粗颗粒的食物

因为此时的宝宝已经准备长牙，有的宝宝已经长出了一两个乳牙，可以通过咀嚼食物来训练宝宝的咀嚼能力。同时，宝宝已进入断奶的初期，每天给宝宝吃一些蛋黄泥、肉泥、猪肝泥等食物，可补充铁和动物蛋白，也可给宝宝吃烂粥等补充热量。在宝宝吃辅食噎着时，一定要拍拍宝宝后背，一直拍到把卡住的东西吐出来为止。由于宝宝消化道内淀粉酶的数量明显增加，需要及时添加淀粉类食物如烂面条、米糊等。喂些米粥和菜泥，可以补充维生素和无机盐，同时使宝宝的咀嚼能力得到初步的锻炼。鱼肉泥富含磷脂、蛋白质，肉质细嫩易于消化，但制作时一定要去鳞去刺。在满6个月前，不要给宝宝吃含有麸质的东西，如大麦、小麦、燕麦等。如果此时宝宝对吃辅食很感兴趣，可以酌情减少一些奶量。

★ 厌奶期

这个时期的宝宝，脑部发育逐渐成熟，好奇心增加，吃奶时会受到外界干扰而分心。厌奶期可以被看做是宝宝对外界发出的一种信息，告诉亲人，吃腻牛奶了。在宝宝表现出厌奶时，成人千万不要强迫。强迫喂食不仅无效，而且可能使宝宝更加讨厌喝奶。如果担心宝宝营养摄入不够的话，可以丰富辅食的种类，让宝宝通过吃辅食来补充营养。

2.喂宝宝吃辅食的技巧

（1）喂宝宝吃东西前，一定要亲自试试食物的温度。

（2）让宝宝按照自己的节奏吃。充足的喂食时间是使宝宝愉快进餐的有利因素。为了练习吞咽和咀嚼，宝宝会弄得很脏，成人千万不要责备宝宝。

（3）耐心一点，有时候添加一种食物宝宝要尝试很多次才能接受。试着每天在同一时间喂，这样宝宝会渐渐养成习惯。

（4）让宝宝有一个属于自己、适合自己的小饭勺，这样他会尝试自己吃东西。

（5）当宝宝可以撑住自己的脑袋并且坐直时，成人可以给他选择一个适合的婴儿椅，注意不要让椅子靠近墙壁，否则宝宝的脑袋可能会撞到墙上。让宝宝和家人一起吃饭，不要在无人照看的情况下，让宝宝独自吃东西。

（6）宝宝不爱吃就及时更换辅食品种。如果宝宝把喂到嘴里的辅食吐出来，或用舌尖把饭顶出来，用小手把饭勺打翻，把头扭到一旁等等，都表明他拒绝吃"这种"辅食。成人要尊重宝宝的感受，不要强迫。等到下一次该喂辅食时，更换另一品种的辅食，如果宝宝喜欢吃，就说明宝宝暂时不喜欢吃前面那种辅食，一定先停一个星期，然后再试着喂宝宝曾拒绝的辅食。这样做，对顺利过渡到正常饭食有很大帮助。

3. 注意事项

★婴幼儿不宜多吃的食品

巧克力是一种以可可豆为主要成分的高脂高糖食品，它含有约40%的脂肪，约45%的蔗糖，蛋白质含量仅为5％左右，不符合正常小儿所需要的蛋白质、脂肪、碳水化合物的比例，因此不能把巧克力作为正常膳食的代用品；另外巧克力味浓香醇，对味觉是一种强烈的刺激，经常吃巧克力会使味觉的敏感性降低，婴幼儿会对日常的菜肴感到无味，逐步食欲不振，影响健康。

味精的主要成分是谷氨酸钠，其浓度在万分之一左右，能产生诱人的鲜味，但浓度过高反而会产生麻木感，使味觉敏感度降低。过多的谷氨酸会与血液中的钙离子、锌离子结合，影响钙、锌的代谢，对生长发育不利，小儿不宜多吃味精。

油炸食品香脆可口，很能增进宝宝的食欲，但因为食物在油炸过程中维生素损失破坏；脂肪在高温油炸过程中产生丙烯酸，会影响小儿消化吸收功能；重复使用的油中丙烯酸再进一步分解出有致癌作用的氧化物，因此婴幼儿不宜多吃油炸食物。

（三）宝宝餐桌

1. 一日食谱参照

（1）**主食**：母乳。

餐次及用量：

每隔4小时喂1次，每次120～220毫升（日均量约1000毫升）。

（2）**辅食**：

①温开水、各种水果汁、菜汤等，喂奶时每次加100毫升，任选1种。

②浓缩鱼肝油：2～3滴／次，2次／日。

③烂米粥、面片汤：1～2次／日，在上午10：00、下午2：00两次喂奶中间加，开始每次1～2汤匙，后渐加至4汤匙。

④鱼肉末、菜泥、果泥：与烂米粥或面片汤一起食用，3～10克／次。

2. 巧手妈妈做美食

★泥状辅食做法

菜泥：选择新鲜的嫩叶蔬菜如菠菜、白菜，或南瓜、马铃薯等，洗净切小段或小块。加水煮熟后，捞出置于碗中，用汤匙刮下嫩叶或压成泥状即可。

果泥：水果要挑选新鲜且果肉多、纤维少、带果皮或者受农药污染与病原感染机会较少的，如橘子、苹果、香蕉等。洗净去皮后，用汤匙挖出果肉并压成泥状即可。如苹果泥的做法是，将半个苹果洗净、去皮、切块，用研磨板磨成泥状，盛在碗中。

胡萝卜粥：大米2小匙、水120毫升、切碎过滤的胡萝卜汁1小匙。把大米洗干净用水泡1～2小时，然后放锅内用微火煮40～50分钟，停火前加入过滤的胡萝卜汁，再煮10分钟左右。

蛋黄粥：大米2小匙、水120毫升、蛋黄1/4个。把大米洗干净后加适量水泡1～2小时，然后用文火煮40～50分钟，再把蛋黄放容器内研碎加入粥锅内再煮10分钟左右。

薯泥：红薯50克，白糖少许。将红薯洗净、去皮，切碎捣烂，稍加温水，放入锅内煮15分钟左右，至烂熟，加入白糖少许，稍煮即可。

鱼肉泥：将活鱼去鳞、内脏、鳍尾，洗净，加入适量水，文火煮熟。剔去鱼刺，将鱼肉捣成泥状。

胡萝卜泥：胡萝卜5～10克，洗净、削皮，切成薄片，入锅加水煮软后，改用文火煮，加水一点一点煮成光滑状，再倒入水荬成糊状。

水果藕粉：藕粉1/2大匙，水半杯、水果泥1大匙。把藕粉和水放入锅内混合均匀后用文火熬，边熬边搅拌直到透明为止，再加入水果泥稍煮即成。注意熬藕粉时不要煳锅。

四、护理保健

（一）护理要点

1. 吃喝

★宝宝厌奶怎么办

有些宝宝5个多月时会突然出现喝奶量减少，食欲不振，甚至拒绝吃奶的情况，这就是人们常说的"厌奶"。此时，家长们不必过于担心，但应仔细观察、寻找出宝宝厌奶的真正原因好对症下"奶"。但切忌给宝宝强行喂奶、塞奶。否则更加容易造成宝宝的反抗心理。

★检查宝宝是否正"出牙"

因为宝宝出牙时会疼痛，而吮吸会加剧疼痛，所以他会暂时不愿吮吸，并不是不愿意吃奶。如果是这种情况，可用较大孔洞奶嘴喝奶，减少吸吮时造成的疼痛，或把奶粉与麦片、米粉等其他食物调成奶糊，用汤匙喂食。

★因好奇而分心，不认真吃奶

那就要注意，给宝宝喂奶时，最好让宝宝坐在一个固定位置上，且周围没有其他人或响声。

★味觉开始发育，不再喜欢单一味道

那就要注意辅食多样化，而且尽量用天然味道，可以稍微用一点点盐（以成人几乎感觉不到咸味为宜），但不要添加调味料（一周岁以内）。同时也可尝试转换口感较佳且不含蔗糖的6个月以上较大宝宝专用奶粉。

2. 拉撒

★男女宝宝的屁屁护理

男女宝宝屁屁的护理基本都是一样的，即从会阴向肛门擦洗。当然，最好用流动水冲洗。

★男宝宝的妈妈看过来

男宝宝有时会在妈妈解开尿布或尿不湿时再顽皮地"来一泡"，尤其是清晨给宝宝护理时更容易出现这种"突发事件"。所以妈妈可以给宝宝解开尿不湿时稍微用尿不湿前面遮挡一下。清洗屁屁时，注意别忘了洗洗腹股沟和阴囊下面，还可用手轻轻拨起小鸡鸡，彻底把屁屁上上下下都冲洗干净。需注意的是：婴儿的包皮还未发育完全，所以您千万别硬给宝宝翻包皮，否则容易伤到他。

★女宝宝的妈妈看过来

女宝宝的屁屁护理需要格外仔细些。要严格遵守从上到下，由里到外的顺序。轻轻清洗尿道口、阴道口外部和肛门周围，千万不要洗阴道口里面。洗后要及时沾干水分，让外阴保持干爽。注意，给女宝宝屁屁用的小毛巾一定要天天晒或经常消毒。而且，给女宝宝涂爽身粉一定要当心，千万不要让粉尘进入阴道或尿道处，可以选用女婴专用的爽身液、松花粉或者凡士林膏比较安全。

3. 睡眠

★家有"夜哭郎"

有些宝宝专门"上夜班"，弄得爸爸妈妈十分烦恼，疲惫不堪。首先应找出宝宝夜哭的原因：是不是室内空气太闷、太热或太冷？是不是宝宝盖的小被子太厚压得他不舒服？是不是他的手脚被卡在床栏杆里？是不是白天睡得太多，晚上不想睡？是不是宝宝红臀或被蚊虫叮咬？还是白天摔了一跤受了惊吓？

在爸爸妈妈逐一排除可能因素后，应注意：

（1）夜间如果不到吃奶的时间宝宝就哭闹，可以先喂些温开水，但切勿每次宝宝一哭就以为是肚子饿了，用吃奶的办法来解决。这样极易造成消化不良，结果造成宝宝胃肠功能紊乱，引起腹部不适，更会使宝宝哭闹不停。

（2）对于白天受了惊吓的宝宝，可以最近几天把他放在大床上与父母同睡，以增加他的安全感。

（3）白天加大宝宝的运动量，延长他清醒的时间。如多给他做些被动体操，多让他练练翻身，多陪他看书游戏。这样好让宝宝在晚间睡得更踏实。

或许有人告诉您，对付夜啼的宝宝就是不理睬他，让他尽管哭个够。

这是消极的办法，可能会使情况变得更糟。所以，对于容易夜哭的宝宝，父母要耐下心来，共同担当起养育宝宝的重任。

4. 其他

★**怎么避免空调病**

夏季炎热天气或冬季寒冷需空调取暖时，爸爸妈妈应注意些什么呢？

（1）缩小室内外温差。夏季，室内外温差不要超过5摄氏度；冬季，保持室内温度20摄氏度即可。

（2）定时通风。差不多4～6个小时，需开窗通风半个小时。

（3）清洗消毒。差不多用过一季后，给空调的滤网清洗、消毒一次。

（4）注意风口。爸爸妈妈一定记住宝宝或成人的床一定不能对着空调出风口。

（5）多做户外运动。无论户外再炎热或寒冷，一定不能忽视带宝宝做户外运动。只有身体锻炼好了，才能让宝宝抵御更多病毒侵袭。

（二）保健要点

1. 免疫接种

宝宝满6个月应准时打第三针乙肝疫苗。

2. 预防接种小常识

疫苗能让宝宝终身免疫吗？很少有疫苗可以让宝宝产生终身免疫的效果，有些仅能提供短暂性的免疫，所以需要每隔一段时间再接种。例如：白喉与破伤风疫苗的保护力约为10年，而流感疫苗则是每年都要打。当然，疫苗虽不能让宝宝终身免疫，但可以保护他平安度过传染高发期。因此，家长还是应该按时到防疫站给宝宝接种。

五、疾病预防

常见疾病

1. 急性上呼吸道感染

急性上呼吸道感染简称"上感"又称"感冒"，其发病率占儿科疾病的首位。上感是指鼻部和咽部的炎症，炎症向下蔓延可发展为气管炎、支气管炎和肺炎；向邻近器官蔓延可引起喉炎、中耳炎、结膜炎等。感冒还可以引起其他各种疾病，因此必须加强对感冒的预防和治疗。

原因：感冒是由各种呼吸道病毒引起，如果是细菌，多为继发感染。小儿之所以容易感冒，还因为自身对细菌、病毒的免疫力差，加上营养状态、环境因素，如空气污浊、阳光不足、护理不当、冷暖失调等，使身体抵抗力降低而易发病。

表现：一般年长儿症状较轻，多表现为局部症状，如鼻塞、打喷嚏、流鼻涕。也有流眼泪、咽痛、咳嗽，轻症可在3~4天内自然痊愈。

小婴儿一般症状比较重，全身症状明显。多有发热，热度可高可低，伴有精神萎靡、食欲不振，甚至出现呕吐、腹泻。高热可以引起惊厥，鼻塞可以影响吮奶，甚至呼吸困难。

特别提示：高热引起的惊厥，大多在起病1~2日内发生，一般只抽搐一次，很少连续几次，热退后，惊厥和其他神经症状都会消失。

治疗：

（1）如体温38℃以上持续4小时应送往医院就诊。如果没有并发细菌感染，不宜使用抗菌素，应使用抗病毒药物。

（2）体温38℃以下，无合并症，无需用药物治疗，注意休息，多饮水。吃易消化的食物。注意口、眼、鼻的清洁，保持室内空气新鲜以及适当的温度和适度。

（3）对症处理，高热者应用退热药物并配合物理降温，咽痛含服咽喉片，如有咳嗽给止咳药物。

预防：

（1）加强体格锻炼，经常户外活动，多晒太阳，室内通风。

（2）平时穿衣不宜过多，不要过度疲劳，不到人多的公共场所。

（3）不与感冒患者接触。

（4）在发病季节进行预防性药物消毒，比如用食醋熏蒸空气。

2. 特殊类型的上呼吸道感染

（1）咽结膜热。

原因：由腺病毒引起。

特点：多发生于夏秋季，发热39度左右，咽炎与眼结膜炎同时存在。眼结膜可出现虑泡。

防治：与急性上呼吸道感染基本相同。

（2）疱疹性咽峡炎。

原因：由柯萨基病毒引起。

特点：多发生于夏秋季，突然高热，咽痛以至不敢吞咽，流涎有时呕吐、腹痛。咽部充血，可见数个至数十个灰白小疱疹，周围有红晕，1～2日破溃成溃疡。病程约一周。

防治：与急性上呼吸道感染基本相同。

六、运动健身

运动健身游戏

1. 荡秋千

目的：训练宝宝的平衡能力。

方法：把宝宝放在毛毯上，毛毯距床面30～40厘米，父母两人拉住四角轻轻来回"荡秋千"；或抱宝宝到户外的摇车上"荡秋千"；也可让爸爸把宝宝抱在怀里伴着音乐左右来回晃动，幅度由小变大。每日1次，每次2～3分钟。

2. 靠坐到独坐

目的：锻炼头颈腰背肌肉。

方法：用枕头等垫着宝宝背部使其靠坐起来，把玩具放在够得着处，让宝宝双手玩，注意宝宝是否疲劳，如果头垂向前就应马上让宝宝躺下休息。

3. 烙饼

目的：训练大动作的灵活性以及视听觉与头、颈、躯体、四肢肌肉活动的协调。

方法：

（1）让宝宝仰卧，用一件新的有声有色的玩具吸引他的注意力，引导他从仰卧变成侧卧、俯卧，再从俯卧转成仰卧。玩时要注意安全，最好在干净的地板上或在户外地上铺席子和被褥，让宝宝练习翻身打滚。

（2）预备姿势：宝宝仰卧。成人说："烙饼，烙饼，翻过来瞧瞧。"边说边用双手轻轻翻转宝宝身体：仰—侧—俯。然后再边说边将宝宝身体翻转为：俯一侧一仰。待宝宝熟悉动作后再鼓励引导宝宝独立做。

4. 扶站

目的：锻炼下肢力量，为站立做准备。

方法：妈妈将宝宝放在床或地面上，用双手握住其手站立，并不断念诵儿歌，吸引宝宝保持5~10分钟左右的练习。

5. 悬空爬行

目的：锻炼宝宝手臂和腿部肌肉支撑力。

方法：让宝宝俯卧在床或地垫上，用一条浴巾兜住宝宝的腹部，两手分别抓住浴巾的两端，将宝宝用力提起，让宝宝腹部离开床或地面，四肢着床或地垫，练习悬空爬行，为爬行做好准备。

七、智慧乐园

益智游戏

1. 阅读卡片书

目的：培养宝宝的注意力和语言能力。

方法：让宝宝坐在成人膝盖上，给他一本色彩鲜艳的卡片书，先让宝宝用自己的方式来探究，抓、撕、拍打都是宝宝对书的探究行为。

打开书，用手指轻敲书本吸引和保持宝宝的注意力。和宝宝玩拟声游戏，没有什么比有趣的"哞哞"和"嘟嘟"声更能吸引宝宝的注意力了。给宝宝讲解图片内容的时候，要用生动的语气语调、正规清晰的发

133

音和简单准确的词汇与宝宝交流，激发宝宝读书的兴趣，为宝宝以后准确发音打下良好的基础。

2. 寻找物品

目的：发展宝宝的记忆能力和追随目标寻找物品的能力。

方法：成人拿一只绒毛小狗玩具，先让宝宝玩一会，再让宝宝玩其他几种玩具，此时，成人悄悄地把绒毛小狗玩具藏在宝宝身后，对宝宝说："宝宝，你的小狗呢？狗－狗跑到哪里去了？快找找！"使宝宝扭转身子四处观看寻找物品。

成人拿一个乒乓球让宝宝玩片刻，然后有意识地将乒乓球抛在地上，促使宝宝视线同时跟着目标移动，促使宝宝眼睛追随目标寻找物品。

3. 宝宝手指真灵巧

目的：训练宝宝的手眼脑协调能力。

方法：

（1）找一些干净的白纸（10×10厘米左右），用缝纫机转成各种简单形状。抱宝宝坐在成人的腿上，你先撕给他看和听，再让他抓住纸的一边，你抓住另一边撕开纸，引起他的兴趣。最后让宝宝自己学着撕纸。

（2）成人一个一个地出示水果嵌板上的物品，第一次出示水果不宜过多，让宝宝指认或拿取。根据宝宝的不同能力，出示不同数量的物品，由少到多。鼓励宝宝将水果放回自己的"家"。宝宝在成人的帮助下，可以将不同形状的水果放回嵌板，提高观察力和手眼脑协调能力。

（3）宝宝坐在床上，成人给他一块积木，等他拿住后，再向同一只手递另一块积木，看他是否将原来的一块积木传递到另一只手，再来拿这一块积木。如果他将手中的积木扔掉再拿新积木，就要引导他先换手再拿新的。

八、情商启迪

情商游戏

1. 捉迷藏

目的：让孩子感受快乐，增进与父母的感情，发展感知能力。

方法：妈妈在床上盘腿而坐，让宝宝面对面坐在腿上，用一手扶着宝宝的髋部，一手扶着腋下保持平衡。爸爸在妈妈背后，让宝宝一只手抓着爸爸的手指，另一手抓住妈妈的胳膊，爸爸先拉一下被宝宝抓住的手，当宝宝朝这边看时，爸爸却从妈妈背后另一边突然伸出头来亲热地叫"宝宝"（孩子的名字），当宝宝转过头找到爸爸时会"咯咯"地笑起来。

2. 认生

目的：消除恐惧和陌生。

方法：这时的宝宝对陌生人开始躲避，见到生人会将脸扑向母亲怀中，害怕或者哭闹。怕医生、护士、新来的保姆等。但是能记得不在一起的熟人，如爷爷、奶奶及经常来往的亲友。所以妈妈在6个月后要上班就应及时安排，早请保姆或亲属，让她们慢慢与宝宝接触，待熟悉以后才能在妈妈上班后照料宝宝。宝宝也害怕去陌生的地方，接触陌生事物要由父母陪同，逐渐熟悉新的环境和新的事物。有些宝宝害怕大的形象玩具，成人要先陪宝宝一起玩，待宝宝熟悉之后，才能渐渐消除恐惧。

3. 伸双臂求抱

目的：学会求抱，增进亲子情感。

方法：可利用各种形式引起宝宝求抱的愿望，如：抱宝宝上街看汽车、到动物园看动物、看小朋友、找妈妈、拿玩具等。但成人抱孩子前，必须向宝宝伸出双臂，说："抱抱好不好？""抱抱，我们出去玩。"鼓励宝宝将双臂伸向成人，让他练习做求抱动作，做对了再将宝宝抱起。

九、玩具推介

6个月的宝宝已经会独坐，这时他的双手得到了解放，可以自己玩了。给宝宝选择的玩具应该是他坐着可以自己玩的，最好是方便抓握又有声响的，如花铃棒、摇铃、拨浪鼓、有槌的鼓、塑料环、积木块、小球等。也可以给宝宝提供生活中熟悉的物品做玩具，如奶瓶、塑料杯子、碗、勺、手绢、娃娃等，发展其认知能力。

十、问题解答

1.6个月的宝宝添加辅食困难吗?

一般来说,到了这个月添加辅食很困难的宝宝并不多见,只是不那么喜欢吃,或吃得不多而已。这个月还是辅食添加初期,只要宝宝吃就行,不能要求种类和数量。每个宝宝对于辅食的需要程度是不同的,不能千篇一律要求宝宝。

这个月推荐果汁或菜汁量是180毫升/日。每天分两次喝,但有的宝宝一次就可以喝180毫升的果汁,下顿又喝180毫升的菜汁。有的宝宝一次只喝80毫升果汁,菜汁只喝50毫升。

可以试着给宝宝吃些固体食物,如面包、磨牙棒、馒头等。

2. 怎样预防意外发生?

宝宝各项能力都增强了,意外隐患也增多了。宝宝会坐、翻身、打滚等运动;趴着时脚蹬着东西可能会向前爬;坐着时会试图变成俯卧位或仰卧位;会拿起他周围的东西,但不知道什么东西不能摸;会把小的东西放到嘴里;躺着时会把身边的毛巾、小被子、尿布等放在嘴里吃,还会蒙在脸上但不知道拿掉;宝宝在翻滚时,意识不到会摔到床下等等。

因此,不要把危险的东西放在宝宝能够拿到的地方;不要让宝宝自己在床上玩耍;宝宝在没有栏杆的床上睡觉,成人一定要在身边,防止宝宝醒后掉到床下。不要把能够堵住宝宝呼吸道的物品放在宝宝能够拿到的地方,尤其是塑料薄膜。

3. 宝宝从床上摔下来怎么办?

宝宝头重脚轻,从床上摔下来往往是头部着地,头部受伤的概率最大。当宝宝从床上摔下来时,父母常常是惊慌失措,抱着宝宝就向医院跑,到了医院当然是先做头颅CT,甚至做头颅核磁共振。宝宝摔了,父母应该怎么办呢?

(1)摔下后,宝宝马上就哭了,哭声响亮有力,哭一会儿,大约10分钟左右,面色很好,精神也不错,看不出有什么异常表现,又开始正常玩耍、喝水、吃奶了,这种情况下宝宝大脑受伤的可能性几乎为零,不必抱到医院,可在家继续观察宝宝的变化。

(2)头部仅仅是磕个包块,表皮没有可见伤,也没有任何异常表现,不用看医生。不要给宝宝揉头部的包块(有些父母可能会这样做,认为揉一揉不但可以缓解宝宝的疼痛,还能使包块变小,把淤血揉开。这是错误的做法)。

(3)头部有包块,无论有无皮肤损伤,都不要热敷。如果头皮没有损伤,可适当冷敷。

(4)无论有无异常,有无可见的外伤,只要是头部受伤,都要仔细观察48小时。出现异常及时看医生。

(5)在观察过程中,宝宝出现不爱吃东西、精神欠佳、嗜睡(比平时爱睡觉,醒了也不精神,或醒了又睡了)、不像伤前安静或过于安静。出现上述情况之一,就应该看医生。

(6)在观察过程中,出现呕吐应立即看医生。

(7)在观察过程中,出现发烧也要看医生。

(8)摔下后,宝宝没有马上就哭,似乎有片刻的失去知觉,不哭不闹,面色发白,把宝宝抱起时,感觉到宝宝有些发软。无论有无其他异常,都应该到医院看医生。

（9）摔下后，头部有出血，应到医院处理。

（10）如果皮肤有擦伤，可用消毒水(双氧水)、酒精、碘酒消毒后，涂少许红药水。但不要包扎。如果伤口比较大，比较深，或出血比较多，就要到医院了。

4. 宝宝流口水是问题吗？

6个月以后，大部分宝宝开始萌出乳牙，原来就爱流口水的宝宝，到了这个时期，口水流得更厉害了。原来不流口水的宝宝，从这个时期开始流口水了。要为宝宝多准备几个小布围嘴，湿了要及时更换，以免潮湿的围嘴浸坏了宝宝的下颌和颈部皮肤，长出湿疹。有的宝宝流口水比较严重，下颌总是湿湿的，把皮肤都淹了。可以用清水洗净下颌后，涂一点香油，能够保护皮肤不被口水浸破。宝宝流口水不需要药物治疗。

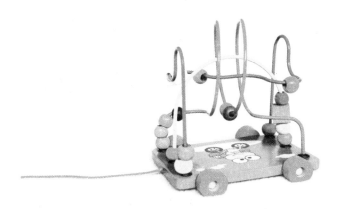

7个月的宝宝

7 GE YUE DE BAOBAO

一、发展综述

7个月的宝宝已经习惯坐着玩了。如果扶他（她）站立，他（她）会不停地蹦跳。

宝宝在6～7个月以后，远距离知觉开始发展，能注意远处活动的东西，如天上的飞机、飞鸟等。这时的视觉和听觉有了一定细察能力和倾听的性质，这是观察力的最初形态。这时期周围环境中新鲜的和鲜艳明亮的活动物体都能引起宝宝的注意。7个月的宝宝能主动向声源方向转头，也就是有了辨别声音方向的能力，听到妈妈哄逗的声音可发出笑声，有的宝宝甚至会听从妈妈的指令作出相应的动作。

宝宝7个月起可发出单词的声音，此时发出的声音不光是元音，还会发出辅音。有时会无意识地叫"爸爸""妈妈""呜呜"等。当宝宝发音时，成人可以用相同或不同的辅音作答，会引起宝宝发出更大、更清晰的声音。宝宝喜欢听成人用夸张的口形发出清楚的声音，他会想法使劲模仿，或发出另一种声音和成人互动。7个月的宝宝一般可发出4～6个辅音，成人要鼓励宝宝多发辅音，为以后的学习语言做准备。

宝宝在6～7个月以后就能分辨亲人和陌生人，有害怕陌生人的表现。逐步产生自我意识，与妈妈等亲人互相依恋，当妈妈离开时出现分离焦虑。

一般7个月的宝宝都开始出牙了，应鼓励宝宝咬一些饼干、馒头片之类需要咀嚼的食物，使牙龈强健，有利于牙齿萌出。

二、身心特点

（一）体格发育

1. 身长标准

男童平均身长为69.5厘米，正常范围是66.8～72.2厘米。

女童平均身长为67.6厘米，正常范围是64.9～70.2厘米。

2. 体重标准

男童平均体重为8.3千克，正常范围是7.4～9.3千克。

女童平均体重为7.7千克，正常范围是6.8～8.7千克。

3. 头围标准

男童平均头围为44.7厘米，正常范围是43.7～45.7厘米。

女童平均头围为43.7厘米，正常范围是42.6～44.8厘米。

4. 胸围标准

男童平均胸围为44.3厘米，正常范围是42.5～46.1厘米。

女童平均胸围为43.4厘米，正常范围是41.5～45.3厘米。

（二）心理发展

1. 大运动的发展

7个月的婴儿已经能坐得较稳了，还可以连续翻滚。宝宝开始用上肢和腹部匍匐爬行，但这时的宝宝上肢与下肢的动作还不能协调配合。

2. 精细动作的发展

7个月的宝宝能够准确地抓握物体，双手可以对击玩具。会将一只手的东西传递到另一只手中。

3. 语言能力的发展

这个时期的宝宝已经能懂得"不"的意思。宝宝可以理解一些语言，能够听指令将玩具倒手。能够清晰发出"吧吧"的声音。

4. 认知能力的发展

这个时期的宝宝可以指认自己的五官位置，可以按成人指令找到自己熟悉的物品，如娃娃、皮球等。玩玩具时，如果手中有东西，可以先扔掉手中的，再去拿另一个。

5. 自理能力的发展

这个时期的宝宝可以用杯子喝水。能够关注自己经常使用的东西，如奶瓶、手绢、帽子等。

三、科学喂养

（一）营养需求

此时大多数宝宝开始出牙了。这一方面是对孕期和最初阶段哺育成果的检验，另一方面是在提示成人关注一件事，即开始为宝宝补钙。钙主要参与骨骼和牙齿的构成，还参与神经肌肉的活动，具有调节神经肌肉的兴奋、抑制神经冲动的传导作用。充足的钙可促进骨骼和牙齿的发育并抑制神经的异常兴奋。在宝宝生长发育的高峰期，钙摄入量不足会产生非常严重的影响。抽筋、爱哭闹、体质弱、学步晚，都是缺钙的早期表现。如果不注意的话，后期还可能会引起鸡胸、佝偻病等。宝宝除了从母乳和牛奶中获取钙元素外，还可以通过服用钙剂或富含钙质的食物来满足生长发育的需要。一般每天补充100～200毫克钙元素，就能满足宝宝的需要。豆类、鱼肉、虾等食物都富含钙质。为宝宝选择钙剂时，关于品种和用量一定要咨询医生的意见。因为各种钙剂的化学成分不一，剂量从几十毫克到数百毫克不等，标注方法也不很统一，非专业人士不易识别。

特别提示：钙含量较多的食物有：海产品含钙较多，鱼（连骨头吃）、虾皮、虾米、海带、紫菜等都含有丰富的钙质，且容易被人体吸收。豆制品如豆腐、豆浆、豆奶、腐竹等价廉物美，食用方便。胡萝卜、小白菜、油菜、黄花菜等蔬菜既含有钙质，又含有丰富的维生素。奶制品、鸡蛋的含钙量也较高。

（二）喂养技巧

1. 咀嚼和喂食的敏感期

这一阶段是宝宝学习咀嚼和喂食的敏感期，成人要尽可能提供多种口味和质地的食物让宝宝尝试，并可以把不同种食物自由搭配，满足宝宝的口味需要。主食还是母乳和代乳食品，奶量不变。但此时的宝宝已经出牙，可以喂1～2片饼干，菜汁、果汁可以增至每天6汤匙，分2次喂食。熟蛋黄增至每天1个，可过渡到蒸蛋羹（建议去掉蛋白，一岁以内宝宝吃蛋白容易过敏），每天半个。粥稍煮稠些，每天先喂3小勺，分2次喂食，逐步增至5～6小勺；也可添加燕麦粉、混合米粉、配方米粉等。在稀粥或米粉中加上1小勺蔬菜泥，如胡萝卜泥或南瓜泥。如果宝宝吃得好可以少喂奶1次。从这时起到12个月，浓缩鱼肝油每天保持6

滴左右，分2次喂食。

此时期宝宝可以吃的食物有：花椰菜、绿叶蔬菜、土豆、番茄、茄子、西瓜、苹果、橙汁、草莓、芒果、柠檬、鸭梨、猪肝泥、鸡肝泥、鱼肉泥、猪肉末、牛肉末、鸡肉粥、烂面条、嫩豆腐、饼干、面包片等。

2. 母乳喂养半断乳期方案

（1）白天喂2次辅食，吃3次母乳；晚上再喂2次母乳(大多是在睡前和醒后)。

（2）如果妈妈感到奶涨，就可以减少1次辅食；不过只给宝宝加蛋、菜、果，不加米面。

（3）如果宝宝喜欢辅食胜过母乳或乳类食物，而且也影响到摄入乳类食品，那就可以再晚些添加辅食，只给他加些果蔬水。

（4）如果宝宝不好好吃乳类食品，就在早晨宝宝刚起来时给宝宝喂，或把奶瓶带到户外，换一个环境给他试试。总之，不能完全断了奶制品。即使今天不喝，明天还要试一试，培养宝宝喝奶的习惯。

（5）如果宝宝闹夜时吃母乳可以很快入睡，那最好的办法就是立即给宝宝吃母乳。

3. 注意事项

★ 准备食物时要注意

（1）一定要挖除水果的果核，以防噎着宝宝。一定要把水果、蔬菜彻底捣碎后再喂。

（2）一定要选用最新鲜的蔬菜，而不要购买起皱打蔫、颜色陈旧的蔬菜。做辅食时，不要把蔬菜长时间泡在水里或是准备好的菜不用，以防破坏里面的维生素。轻柔地清洗水果和蔬菜，做好一切准备后再切，不要先切后洗，以保存果蔬所含维生素C。要尽快把食物做好。

（3）制作辅食的材料相同，但是在烹调方式和外观形状上要时常变换花样。

（4）用少量的水来煮青菜，这其实类似于蒸。蒸出来的青菜比煮的味道更好，而且更有助于保存里面的维生素，也能给宝宝补充一定量的纤维素。如果皮较硬，可以除去皮以防噎着宝宝。

（5）使用铸铁锅做饭，可以达到给宝宝补铁的目的。不要用铜锅烹饪绿色叶类蔬菜，铜会破坏维生素C。

（6）不要把食物长时间放在室温下冷却，应马上把食物放在冰箱里，以减少细菌的生长。在制作辅食前，除了将食物和用具清洗干净外，也要保持双手的清洁。

（三）宝宝餐桌

1. 一日食谱参照

（1）**主食**：母乳、牛奶。

餐次及用量：

每日减少1次喂餐，且其中一次用牛奶（150～200毫升）代替母乳[上午：6：00、10：00（牛奶）；下午：2：00、6：00；晚上：10：00]。

（2）**辅食**：

①温开水、果汁等：任选1种，110克/次，下午2：00。

②菜泥：在喂粥或面片汤中加入。下午6：00，加1～2汤匙。

③浓缩鱼肝油：2～3滴/次，2次/日。

④馒头片、手指饼干等，让宝宝自己拿着啃，能锻炼宝宝的咀嚼能力，帮助牙齿的生长。

2.巧手妈妈做美食

炸馒头片：将馒头切成0.5cm厚的薄片，放入烧热的油锅，待两面均炸成金黄色时夹出。注意火候，不要烧焦了。放凉后让宝宝拿着吃。

猪肝蔬菜粥：胡萝卜、猪肝分别用水煮熟后切成末，同放入锅内，加入适量肉汤，文火煮沸10分钟，关火。加入少许食盐和熟植物油后，即可食用。

鸡肉粥：鸡胸脯肉2小块，切末，放入锅内，加入肉汤后煮熟，调入少量盐即可食用。

牛奶香蕉粥：香蕉小半根，去皮后，用小勺碾成泥状。放入锅内，与2小勺牛奶搅拌均匀，用文火煮沸。沸后再煮约5分钟，边煮边搅拌。关火后加入少量白糖即可。

四、护理保健

（一）护理要点

1.吃喝拉撒

★ 6个月后宝宝该换二段奶粉了，有什么要注意的吗

每个阶段婴儿奶粉的成分和含量都不一样，所以色泽和口感也有些差别。而且，由于小宝宝的肠胃及消化系统还不完善，更换不同阶段的奶粉或不同牌子的奶粉就容易发生大便问题。那么，怎样做才能降低这种风险呢？

逐步减少一段奶粉的量。如宝宝现在喝3勺奶粉的量，那么，就给宝宝用2勺一段奶粉配上1勺二段奶粉，如果没有影响的话，那么就用这种配比方法给宝宝连续喝3～7天。如果宝宝臭臭变干或有些便秘，就

注意多给他喝些果蔬水或白开水，多吃些青菜、胡萝卜等。如果便稀，就先等便便恢复正常后，再尝试用2勺半一段奶粉配半勺二段奶粉。等宝宝适应这种配方后，可以逐步添加二段奶粉的量，直到他慢慢地全部改喝二段奶粉。只要成人多留心、仔细地观察和护理，就能让宝宝少受罪，爸爸妈妈少担心。

2. 睡眠

★宝宝睡眠好，妈妈更省心

宝宝半岁了，妈妈该把更多的精力从护理宝宝的吃喝拉撒上转到培养宝宝良好的睡眠习惯上，这样不仅利于宝宝的健康成长，也会让妈妈更省心、更省力。

（1）每天固定宝宝睡觉前的常规事情，暗示宝宝"我们要睡觉啦"。如每天都在大约固定的时间洗澡、翻看图书、吃奶、唱催眠曲、道晚安。大约3周时间宝宝就会养成乖乖睡觉的好习惯。

（2）切忌宝宝一哭就立即哄抱，以免养成闹觉的毛病。宝宝哭时先用语言回应他，然后轻轻哼唱他熟悉的催眠曲。如无效，还可尝试把他的双手放在胸前帮他有被拥抱的感觉以便他渐渐入睡。除此，还可以将每次回应的时间渐渐延长，如今天他哭闹2分钟再回应，明天哭闹3分钟再回应。慢慢地，宝宝就能自己入睡了。

（3）切忌让宝宝含着乳头睡觉或频繁地用乳头哄睡。否则会养成宝宝夜间频繁哭闹吃奶的坏习惯，既影响宝宝睡眠也影响成人休息，不利于宝宝成长。

3. 其他

★怎样护理爱流口水的宝宝

这个月的宝宝开始添加品种多样的辅食，刺激了味蕾的发育，且吞咽能力不强，又加之多数都开始长牙，所以口水流的也较以前更"泛滥"

些。其实，不要小看口水的重要性，它促进吞咽、刺激味蕾；保持口腔潮湿，维持口腔和牙齿的清洁；促进嘴唇和舌头的运动，有助于说话。此外，还有少许的抗菌作用，可在牙釉质上形成一层无菌细胞成分的薄膜，有助于防范蛀牙的发生。

但是，由于宝宝的皮肤较薄，而口水中又含有一些具有腐蚀性的消化酵酸，所以当口水长时间浸泡皮肤时，很容易让皮肤的角质层被腐蚀，或是因为潮湿而导致霉菌感染，产生发红或湿疹、发炎等症状。所以，此时更应加强对宝宝的护理。

（1）准备围嘴。挑纯棉，中间有无纺布夹层、吸水性强的围嘴，最好不要有毛巾面。因为时间长了毛巾面容易发硬，会摩擦宝宝稚嫩的皮肤。如果围嘴因为长时间清洗变得干硬，可以在使用前轻轻揉搓变软再给宝宝戴上。

（2）擦拭方法。用吸水性强的软布或面巾纸，帮宝宝轻轻沾干下巴和脖子，以免擦得次数太多，伤了宝宝皮肤。

（3）用润肤油隔离。每次给宝宝洗脸或擦嘴后，先让宝宝躺下以暂时阻止口水流下，再给他涂抹一层薄薄的润肤露；如果下巴已经被腌红，就多涂些婴儿凡士林隔离。

（二）保健要点

1. 健康检查

6个月的宝宝已经会坐了，多数宝宝还长出了牙齿。此时带宝宝去医院体检非常必要，能及时了解到宝宝是否缺乏营养素，及时给予补充，以保证宝宝健康成长。

本月保健检查的内容主要有身长体重、头围囟门、能力测试、微量元素测试、钙检测、铁检测等。

2. 免疫接种

宝宝满7个月时，没有需要打的国家计划内疫苗。

3. 预防接种小常识

国产疫苗和进口疫苗哪个更安全？其实，二者的安全性相同，因为它们的组成成分都是相同的，如果出现问题，则是疫苗本身的原因，和"国产""进口"没有直接关系，它们主要的区别是价格，所以爸爸妈妈可以根据自己的经济承受能力选择使用。

五、疾病预防

常见疾病

上呼吸道炎症向下蔓延可发展为气管炎、支气管炎和肺炎。

1. 急性支气管炎

原因：感染因素与感冒相同，常继发于上呼吸道感染之后。

表现：最初，出现上呼吸道感染症状，开始是刺激性的干咳，以后分泌物增多，变为湿咳，年长些的小儿常咳出黄色黏痰。咳嗽可以延续7～8天。

防治：预防的方法与预防感冒相同。

特别提示：患了气管炎之后，首先要加强护理，使患儿保持安静，注意经常更换体位，使呼吸道分泌物易于排出。室内要保持一定的湿度。除此之外，还要进行针对性的治疗，如退热镇静、镇咳化痰等。

2. 小儿肺炎

小儿肺炎是严重的呼吸道感染，是儿童常见病之一。据世界卫生组织估计，在发展中国家，5岁以下小儿死亡的首位原因是肺炎。因此小儿肺炎不仅是一个危害小儿个体健康的疾病，还是一个严重危害公共卫生的问题。

原因：小儿肺炎病例的主要病原菌是肺炎球菌、呼吸道合胞病毒、副流感病毒，致死的病例中，革兰氏阴性杆菌为主。

表现：

（1）出现肺炎之前，常有上呼吸道感染症状，鼻塞、流涕、咳嗽伴低热。继而体温上升、咳嗽加重、呼吸加快出现肺炎症状。新生儿、体弱儿的体温不升或低于正常，但精神萎靡、厌食、呕吐，小婴儿可有呛奶。

（2）呼吸系统症状：呼吸加快、咳嗽加剧，鼻翼扇动，口周紫绀、点头呼吸、缺氧症状，肺部可有湿啰音。

（3）心血管系统症状：常并发中毒性心肌炎、微循环障碍和心力衰竭。呼吸加快、心音低顿、脉搏速弱。还可见充血性心力衰竭。

（4）神经系统症状：轻者烦躁不安，重者可发生脑水肿、颅内高压，出现意识障碍、昏迷。

（5）并发症：可以并发肺脓肿、脓胸、脓气胸。

防治：

（1）增加小儿的抗病能力，使其对温度改变、环境的冷热变化有良好的机体反应。如衣服不宜过厚，多到屋外活动。

（2）注意营养，保证膳食平衡，避免免疫力下降。加强个人卫生，尽量少去公共场所，不与患呼吸道感染的病人接触。

（3）如果患了上呼吸道感染，一定要早治疗，以免感染扩散到下呼吸道，发生肺炎。

（4）重症肺炎应紧急送医院治疗，途中应保持安静，减少不必要刺激，半卧位，头侧位，保持呼吸道通畅，防止呕吐物被误吸入气管。

六、运动健身

运动健身游戏

1. 匍行拿物

目的：学会匍行，促进宝宝脑的发育。

方法：让宝宝俯卧，引导宝宝用前臂支持前身，腹部着床，妈妈用双手推着他的脚底，前面用颜色鲜艳或者带响声的玩具逗引宝宝向前爬行，并使宝宝学会用一只手臂支撑身体，另一只手拿到玩具。

2. 跳一跳

目的：练习跳跃，发展大动作能力。

方法：宝宝手扶围栏站立，成人用鲜艳的玩具逗引，并示范双脚轻轻地跳，同时说"跳一跳""跳一跳""跳得真好"之类的指令性语言，宝宝会跟着这些语言，利用手支撑的力量，模仿两脚跟连续踮动，有跳的意思。

3. 独坐重心训练

目的：训练宝宝的平衡能力。

方法：成人让宝宝独坐在床上或地垫上，将宝宝喜欢的玩具放到宝宝身后，逗引宝宝坐着转头转身寻找。成人用手扶住宝宝的大腿，不要扶宝宝的背，让宝宝自己寻找平衡点。待宝宝坐直后，成人可试着松开一只手，只用一只手扶住宝宝一侧的大腿，另一只手以玩具吸引宝宝转头转身寻找玩具。左右交替诱使宝宝向左右侧转，使宝宝在学习侧转中寻找平衡点。

4. 过独木桥

目的：训练保持身体的平衡能力，以及爬行动作的灵活性

方法：

（1）让宝宝俯卧在床上，用前臂支持前身，腹部贴着床面，成人用双手推着宝宝的脚跟，在宝宝头的前面放置一些玩具，激发宝宝的爬行意识，在爬动过程中引导宝宝腿部用力蹬，可对宝宝说："宝宝，用力蹬。"同时借助外力使身体向前移动。

（2）家长仰卧于床上，宝宝俯卧在成人肚子上，让宝宝在成人的肚子上爬行。由于人体的结构和不断的呼吸运动，宝宝爬行时就要注意维持自己身体的平衡，保证不让自己掉下去。

5. 单腿支撑身体

目的：训练走的意识，能用一条腿支持体重，拉双手学习走。

方法：在小床上放一些欢乐小气球，让宝宝扶栏站好，成人将小气球向宝宝的脚跟前扔，逗引宝宝用一只脚来碰踢，这样宝宝就会用双手拉住栏杆，用一只脚支撑自己身体，另一只脚伸过来碰气球，同时成人鼓励宝宝说："宝宝真棒，碰着球啰！"

七、智慧乐园

益智游戏

1. 握握手、拍拍手、点点头

目的：提高宝宝的语言理解力和模仿能力。

方法：成人和宝宝对面坐好，成人先握住宝宝的两只小手，边摇边

说"握握手"，和宝宝重复几次；成人拍宝宝的小手，边对拍边有节奏地说"拍拍手"，和宝宝重复几次；再继续做"点点头"，这是在教宝宝模仿动作，并且逐渐感知语言中的节奏感。

2. 宝宝发音

目的：提升宝宝语言理解能力，促进宝宝语言发展。

方法：每当宝宝想要东西或要满足他某种要求时，妈妈就说："宝宝要什么呀？妈妈拿给你，拿——拿……"当宝宝模仿发音后，妈妈才将宝宝想要的东西放在宝宝手中，并对宝宝说"噢，宝宝要拿小白兔，拿着小白兔"等等。注意，宝宝不一定每次都能发出很准确的音，只要他积极发音，就要及时给他想要的东西，以免他对发音失去兴趣。

3. 玩具不见了

目的：培养宝宝观察力和探索能力。

方法：把宝宝熟悉的几件玩具或物品放在他面前，比如，闹钟、小汽车、玩具熊、小娃娃等。成人先把这些玩具一一拿起来给宝宝看看或者摸摸，然后放进一个小篮子或小盘里。放完后，再边说边把玩具一件件从篮子里拿出来，从中挑出几件，间隔一定距离放在宝宝面前，成人说出其中一件的名称，观察宝宝是否看或抓这件玩具。当宝宝可以做到时，成人再把一件玩具藏在枕头底下（开始可藏一个能自动发声的玩具，如闹钟等），或者把玩具熊或娃娃用被子盖住大部分，露出小部分，让他用眼睛寻找或用手取出，找到后将玩具给他或让他继续玩作为鼓励。当宝宝玩熟了以后，更换其他玩具，让宝宝探索新事物。

4. 不倒翁

目的：培养宝宝的节奏感和注意力。

方法：成人抱宝宝坐在身上，宝宝的背靠着成人的胸部，成人在宝宝面前放置不倒翁玩具，让宝宝能够碰到。成人先示范拨动不倒翁玩具，让不倒翁摇晃起来，吸引宝宝的注意力。当宝宝注意到不倒翁时，再引导宝宝用小手自己去推动不倒翁，成人可以引导宝宝的身体随着不倒翁左右摇晃。成人抱着宝宝边摇晃边说儿歌："不倒翁，翁不倒，推一推，摇一摇，推来推去推不倒。"

八、情商启迪

情商游戏

1. 挥手、拱手

目的：学习挥手、拱手动作，培养愉快情绪和交往能力。

方法：成人经常将宝宝的右手举起，同时说"抓挠"。再举起宝宝手时，不断挥手同时说"再见"，让宝宝学习"再见"动作。成人离家时要对孩子挥手，并说"再见"，要反复练习。在宝宝情绪好的时候，成人可帮助宝宝将两手握拳对起，然后不断上下摇动，学做"谢谢"的动作。每次给宝宝食品或玩具时，先让宝宝拱手表示谢谢，然后再给他。

2. 叫妈妈

目的：培养愉快情绪，增强母子之情。

方法：

（1）准备材料：宝宝喜欢的物品或食物1～2个。

（2）活动导入：宝宝会无意地乱发出"妈"的音，妈妈会非常高兴，但宝宝并非是看到母亲时才叫妈妈的。

（3）活动展开：

①成人引导宝宝应有意识称呼成人。

②当妈妈下班回家时，宝宝会伸开双臂要求拥抱，这时成人可以引导宝宝叫妈妈，"叫妈妈才抱"，让他发出"妈妈"的音来再将宝宝抱起。

③当宝宝要吃东西时，妈妈说："叫妈妈就给你"，因为宝宝急切地要吃到东西，这时，他会说"妈妈"，妈妈此时要先亲亲宝宝，夸宝宝真乖，再把东西给他。

④经过多次强化，宝宝开始有意发音。

特别提示：有些宝宝可能先会叫爸爸，再会叫妈妈，属于正常。因为生活中，妈妈可能会在较多的情况下，引导宝宝叫爸爸。

3. 照镜子

目的：训练自我认知能力。

方法：

（1）准备好一面轻巧的镜子和玩具。

（2）成人将镜子放在宝宝的前面，让宝宝看镜子，用手去摸镜子里的宝宝和成人，再拿出玩具在镜子里显示，不断变化镜子方位，让宝宝逐渐感觉到宝宝、成人、玩具等与镜子的关系。

（3）成人可以一边与宝宝照镜子一边给宝宝念儿歌听。

照镜子

照照小镜子，看见小宝宝，

点点小鼻子，摸摸小下巴，

眨眨小眼睛，寻找小耳朵。

（4）家庭成员有意识用不同大小的镜子和玩具，通过变化方位等，反复进行照镜子游戏。

九、玩具推介

此阶段的宝宝能准确地抓握，又能将玩具倒手，此时宝宝喜欢玩一些反复探究的游戏，要给宝宝选择更多的玩具，以促进其认知能力和手眼协调能力的发展。比如，669学具、各种小球、沙包、不倒翁、娃娃、各种小动物、积木、摩擦启动的小汽车、小饭碗、小勺、小盘、小瓶子、小桶、小篮子等。

十、问题解答

1. 用学步车好不好？

学步车是有轮子的椅子，宝宝可以一边走动，一边推动着车子四处走。一般都认为，在宝宝会坐以后，使用学步车可以更快学会走路。把宝宝放在学步车里，成人可以放心地去做其他事情或者休息片刻。的确，使用学步车，能够扩大宝宝的活动范围，增多使其产生好奇心的东西，对精神方面的发育会有所帮助。但是这对宝宝的身体发育没有什么帮助，还可能会推迟宝宝学习走路的过程。使用学步车时，宝宝脚尖轻轻一点，脚跟不用力，就可以向前滑行，久而久之，宝宝走路就是前脚掌着地踮着脚尖走的姿势，要矫正成正常走路姿势就不那么简单了。学步车能保护宝宝不会摔倒，但是也使宝宝失去了对平衡能力、身体协调能力的锻炼。宝宝被困在学步车的方框里，身体四周都有保护，可以横冲直撞。一旦不借助学步车，宝宝就会重心不稳，走路速度过快，一副随时往前冲的样子。有的宝宝5个月时就会坐，使用学步车后，学会走路的时间反而晚于不用学步车的宝宝。失去学步车的辅助，宝宝总是害怕摔倒，即使实际上他们已经学会走路，但就是心理上害怕。过早地让宝宝使用学步车，不利于脊椎的发育，还会发生安全事故。要注意，使用学步车容易使宝宝触摸危险物体或者发生遇到阻碍翻倒等危及宝宝安全的情况。用学步车的时间越长，宝宝的运动能力延迟就越明显。专家提醒，不要在10个月以前使用学步车，即使使用，也要限制时间，避免长时间使用。

2. 宝宝干呕怎么办？

这个时期的宝宝可能会出现干呕，原因可能是与出牙有关；宝宝吃手，可能把手指伸到嘴里，刺激软腭发生干呕；这个时期宝宝唾液腺分泌旺盛，唾液增加，宝宝不能很好吞咽，仰卧时可能会呛到气管里，发生干呕；出牙使口水增多，过多的口水会流到咽部，宝宝没来得及吞咽，一下噎着宝宝了，结果就开始干呕起来。

只要宝宝没有其他异常，干呕过后，还是很高兴地玩耍，就不要紧，也不用什么治疗。宝宝出现干呕，成人就会认为宝宝可能是消化不良了，是胃口有毛病了，就给宝宝吃各种助消化药，这是没有必要的。

3. 宝宝总咬乳头怎么办?

这个月的宝宝已经开始长牙了，即使没有萌出，也就在牙床里，已经是"兵临城下"，咬劲不小了，尤其喜欢咬乳头。如果咬的是妈妈的乳头，可能会把乳头咬破，妈妈可能会遭受很多的痛苦，有的妈妈为此而无奈断了母乳。这个月的宝宝不会因为妈妈痛得叫，而不再咬妈妈的奶头了，因为宝宝还不知道心疼妈妈。如果宝宝把奶头咬破了，妈妈要涂上龙胆紫，把奶挤出来让宝宝吃，或套上奶罩。

如果咬的是人工奶头，会咬下一块橡胶来，极有可能会卡在气管里发生危险。所以成人要多加注意，给宝宝固体食物，让宝宝有磨牙的机会。

4. 什么做法属于剥夺宝宝的睡眠时间?

以下做法属于剥夺宝宝的睡眠时间:

(1) 宝宝困得睁不开眼了，还和宝宝做游戏。

(2) 宝宝想睡觉，却还逼着宝宝吃饭。

(3)没睡醒就把宝宝叫起来喝奶吃饭(纠正不良睡眠习惯时除外，但即使是这样，也要保证宝宝总的睡眠时间)。

(4) 睡得正香时让宝宝坐盆或把尿(这个月的宝宝尿湿尿布，拉在尿布上是正常的）。

（5）尽管到了做户外活动时间，可宝宝还在睡梦中，就强行把宝宝弄醒。

5. 宝宝的安全感是如何获得的？

首先是通过皮肤接触获得的。皮肤接触是自然的情感交流，尤其是亲子的情感交流，这种情感对宝宝未来社会情绪的发展影响极为重要。皮肤接触包括对宝宝的亲吻、抚摸以及抱抱宝宝、背背宝宝等。皮肤是人体最大的触觉感受器，宝宝皮肤被抚摸可以带来身体的舒适感，达到情绪放松和必要的安慰。有日本育儿之神之称的内藤寿七郎先生认为：温柔地注视宝宝是教授人类之爱的第一步。他说："我一直认为育儿的根本在于眼神，以眼神注视宝宝的眼睛，宝宝心里的母爱就是依靠这种眼神来传达的。"只要以温柔的情感去怀抱宝宝，去注视宝宝，就可以传达母爱之心，宝宝的心灵就会得到充分安定。宝宝在顺其自然、用心传爱的妈妈的抚育下，肯定会懂得爱别人，而且富有宽广的胸怀，并且能够茁壮地成长。妈妈与宝宝的自然接触对宝宝来说是比什么都重要的心灵营养液。无论是抱还是背宝宝，都是身体接触，妈妈身体的热量、妈妈的呼吸、妈妈的心跳都会使宝宝感到安全。

7~8个月以后，宝宝白天睡觉的时候，可以在他身边塞上一个枕头，一来是避免宝宝从床上掉下来，另外有个东西依靠着，宝宝也睡得踏实。其实，这里有一个安全感的问题，一是避免从床上掉下来很安全，更主要的是靠着东西是一种肌体的接触，可以给宝宝踏实的感觉，这就是安全感。

8个月的宝宝

8 GE YUE DE BAOBAO

一、发展综述

8个月的宝宝大运动进一步发展。这时的宝宝，一般都由腹部着床的匍行逐渐过渡到手膝着地向前爬行，在爬行的过程中能自如变换方向。宝宝坐着玩时已会用双手传递玩具，并相互对敲或用玩具敲打桌面。会用小手拇指和食指对捏小玩具，食指能独立操作，精细动作有了进一步发展。如玩具掉到桌下面，知道寻找丢掉的玩具。

这时的宝宝会用动作或语言来表示自己喜欢或不喜欢，要还是不要的要求。这时宝宝已经渐渐懂得了"不"的意义，当宝宝把不该入口的东西，如电池、电器之类的东西要往嘴里放时，成人应该用严肃的表情加上"不"的语言来阻止宝宝，并且告诉宝宝这些"不能吃""有毒"。在成人的帮助下，宝宝很快就懂得了"不"的含义。但很重要的是，家中的成员要保持一致性，同一件事在妈妈面前不许做，在爸爸和奶奶面前也不许做，这样才能使宝宝学会守规矩和懂事。反之，在某人面前不许做在另一人面前就可以，全使宝宝学会钻空子，不利于教育。

8~9个月的宝宝对叫自己的名字有反应，会转头去找寻叫的人，会用某种声音表示自己不同的需求。常常发出一连串重复音节，会用动作表示语言，如"欢迎""谢谢""再见"等，将语言与动作联系起来，形成条件反射。

二、身心特点

（一）体格发育

1. 身长标准

男童平均身长为 71.0 厘米，正常范围是 68.3～73.6 厘米。

女童平均身长为 69.1 厘米，正常范围是 66.4～71.8 厘米。

2. 体重标准

男童平均体重为 8.8 千克，正常范围是 7.8～9.8 千克。

女童平均体重为 8.2 千克，正常范围是 7.2～9.1 千克。

3. 头围标准

男童平均头围为 45.1 厘米，正常范围是 43.8～46.4 厘米。

女童平均头围为 44.1 厘米，正常范围是 42.8～45.4 厘米。

4. 胸围标准

男童平均胸围为 44.8 厘米，正常范围是 42.8～46.8 厘米。

女童平均胸围为 43.9 厘米，正常范围是 42.0～45.8 厘米。

（二）心理发展

1. 大运动的发展

8 个月的宝宝俯卧时能用四肢支撑身体，使腹部离开床面，逐渐从匍匐爬行发展为手膝爬行。这个时期的宝宝可以拉物站起，并且自己能坐下。

2. 精细动作的发展

8个月的宝宝拇指、食指的动作更加协调，能够捏取比较小的物品。拇指与其他四指可以相对的动作抓握物品。这时宝宝的食指也比较灵活，经常喜欢将手指伸入小洞和用食指拨弄物体。

3. 语言能力的发展

这个时期的宝宝开始理解语言和动作的联系，比如"拿起""放下"等，并能够按照指令操作。可以清晰地发出"嗒嗒"的声音。

4. 认知能力的发展

这个时期的宝宝可以持续用手追逐玩具，将玩具用手绢等盖住，他能够掀动手绢寻找玩具。继续认识更多的身体部位。

5. 自理能力的发展

8个月的宝宝可以自己使用勺子，虽然会弄得很脏，但能够将食物送到嘴里。

三、科学喂养

（一）营养需求

这个月的宝宝每日所需热量与上个月一样，蛋白质摄入量基本相同。脂肪摄入量比上个月有所减少。铁的需要量明显增加。鱼肝油、维生素D、维生素A及其他维生素和矿物质的需要量也没有多大变化。增加含铁食物的摄入量，适当减少脂肪(牛奶)的摄入量，减少的部分由碳水化合物(粮食)来代替。

宝宝的消化酶已经可以充分消化蛋白质了，可以给宝宝多喂一点富含蛋白质的奶制品、豆制品、鱼肉等辅食。如果宝宝体重增加过多，可以减少含糖食品，增加菜泥等辅食。每天的食物要多样化，包括粮食类、肉蛋类、豆制品类、蔬菜水果类等，这样才能保证一天的均衡营养。

（二）喂养技巧

1. 喂养中的小问题

★ 母乳喂养必须加辅食

半岁以后绝不能单纯以母乳喂养了，必须添加辅食。添加辅食主要目的是补充铁，母乳中铁的含量比较低，需要通过辅食补充，否则宝宝可能会出现贫血。

尽量改善辅食的制作方法，增加宝宝吃辅食的欲望。喂辅食时，妈妈要边喂边和宝宝交流："宝宝真乖，能吃妈妈做的饭，妈妈非常喜欢宝宝，吃饱了带宝宝出去玩。"请记住，宝宝吃辅食前不带他到户外活动，但吃完辅食一定出去玩。这样就形成了一种条件反射：吃完妈妈的饭，就可以和妈妈一起出去玩了。这种条件反射是很有效的。

★ 只在夜里喂母乳

有的宝宝就是和妈妈较劲，即使母乳不足，吃起来很费力，还是贪恋母乳，哪怕吸空奶，也吸个没完，把妈妈的奶头都吸痛了。有时还会用长出的小乳牙咬妈妈的乳头，妈妈尽管疼得哇哇叫，宝宝也不理会，还继续咬乳头。晚上醒几次，如果妈妈不把乳头塞给他，就哭个没完。

妈妈该下决心断母乳了。宝宝断母乳晚上不停地哭闹怎么办？唯一的办法就是只在夜里喂母乳。这不等于没断吗？是的，对于"顽固"贪恋母乳的宝宝，妈妈只能这样。宝宝夜啼不但影响成人休息，还有可能养成夜啼的毛病，影响健康。所以只好白天喂辅食，夜里喂母乳。随着月龄的增加，宝宝会慢慢忘掉夜里吃奶这回事。另外，妈妈要想尽办法帮助宝宝好好吃辅食，否则宝宝体重增长速度可能会较正常同龄儿差很多，会消瘦下来的。

如果母乳比较充足，就因为宝宝不爱吃辅食而把母乳断掉，这是不应该的。母乳毕竟是宝宝很好的食品，不要轻易断掉，但要同时保证辅食的添加。

★牛奶喂养儿很爱吃辅食

牛奶喂养儿没有贪恋妈妈乳头的问题，所以到了这个月可能很爱吃辅食了。如果宝宝一次能喝150～180毫升的牛奶，那就在一天的早、中、晚让宝宝喝3次奶。然后在上午和下午加2次辅食，再临时调配2次点心、果汁等。

如果宝宝一次只能喝80～100毫升的奶，那一天就要喝5～6次牛奶。可以这样安排进食：早晨一起来就喂牛奶，9～10点钟喂辅食；中午喂牛奶，下午午睡前喂辅食；午睡后喂牛奶，带宝宝到户外活动时，点心、水果穿插喂；傍晚喂奶1次，睡前再喂奶1次。

喂养的方法并不是一成不变的，要根据宝宝吃奶和辅食的情况适当调整。两次喂奶间隔和两次喂辅食间隔都不要短于4个小时，奶与辅食间隔不要短于2个小时，点心、水果与奶或辅食间隔不要短于1个小时。应该是奶、辅食在前，点心、水果在后，就是说吃奶或辅食1个小时后才可吃水果、点心。

2.中期辅食添加

无论是否长出乳牙，都应该给宝宝吃半固体食物了。软米饭、稠粥、鸡蛋羹等都可以给宝宝吃。许多宝宝到了这个月就不爱吃烂熟的粥或面条了，妈妈做的时候适当控制好火候。如果宝宝爱吃米饭，就把米饭蒸得熟烂些喂他好了。爸爸妈妈总是担心宝宝没长牙，不能嚼这些固体食物，其实宝宝会用牙床咀嚼的，能很好地咽下去。

（1）食物的形态可从汤汁或糊状渐渐转变为泥状或固体。

（2）五谷根茎类的食物种类，可以增加稀饭、面条、吐司、馒头等。

（3）纤维较粗的蔬菜和太油腻、辛辣刺激的食物，不适合喂宝宝吃。蔬菜可以除去粗老的茎叶后剁碎掺入米糊、面条或者做成菜泥。

（4）可加少许食盐，以成人能尝出略微咸味为佳。采用多种烹调方法。

从这个时期起，可以在制作辅食的过程中使用一小勺食用油或黄油，使得烹调手段变得多样起来。调料不能用得太多，否则味道过重，会使宝宝口味重，味觉变得迟钝，以后不愿意吃清淡的食物。8～10个月以后的宝宝将盐量控制在每天1克以下，1周岁后再逐渐增多。夏季宝宝出汗较多或腹泻、呕吐时，食盐量可略微增加。在宝宝2周岁前，不要大量使用酱油、食盐等调味品。

3. 注意事项

★ 辅食不能一次添两种

本月宝宝除了继续添加上个月添加的辅食，还可以添加肉末、豆腐、一整个鸡蛋黄、一整个苹果等，水果、猪肝泥、鱼肉丸子、各种菜泥或碎菜。未曾添加过的新辅食，仍然不能一次添加两种或两种以上；一天之内，也不能添加两种或两种以上。

★ 饭、菜、肉、蛋要分开

从这个月开始，可以把粮食和肉蛋、蔬菜分开吃，这样能使宝宝品尝出不同食品的味道，增添吃饭的乐趣，增加食欲，也为以后转入以饭菜为主打下基础。

★ 白米粥就是白米粥

许多妈妈反映，宝宝喜欢吃这样的白米粥——里面和上酱油、香油、菜汤、肉汤等。医学上不赞成这样吃白米粥。菜汤、肉汤里有盐，酱油里更有盐，一股脑和在粥里，容易盐分过量，而盐摄入过量的直接后果，就是加重宝宝肾脏负担。

　　把酱油直接和在粥里，不利宝宝的健康，容易得肠炎。因为这就相当于给宝宝吃生酱油，而宝宝对细菌的抵抗能力，还远远达不到吃生食的程度。

（三）宝宝餐桌

1 一日食谱参照

（1）主食：母乳及其他（牛奶、稠粥、烂面条、馒头片等）。

餐次及用量：

母乳或牛奶220毫升：上午6：30，下午4：00，晚上8：30。

稠粥2/3碗（1碗250毫升），菜末/鱼泥/豆腐泥2勺（1勺10毫升）：中午12：00。

烂面条2/3碗（1碗250毫升），肉泥/肝泥/血2勺（1勺10毫升）：下午6：00。

（2）辅食：

①蒸鸡蛋羹3/4个：上午9：00。

②苹果等水果刮泥1/2个：下午2：30。

③各种鲜榨果汁、温开水等，任选1种：120克/日。

④馒头片、手指饼干等：喂奶间隔拿着吃。

⑤浓缩鱼肝油：3滴/次，2次/日。

2.巧手妈妈做美食

　　鱼肉松粥：大米25克、鱼肉松15克、菠菜10克、盐适量、清水250毫升。大米熬成粥，菠菜用开水烫一下，切成碎末，与肉松、盐一起放入粥内微火熬几分钟即成。

　　豆腐羹：嫩豆腐50克、鸡蛋1个，放在一起打成糊状，再放少许精盐，加5克水搅拌均匀，蒸10分钟，加点香油、味精即可。

　　豆腐鸡蛋羹：过滤蛋黄1/2个、过滤豆腐2小匙、肉汤1大匙。将过滤蛋黄研碎；把豆腐煮后控去水分后过滤，然后把蛋黄和豆腐一起放入锅内，加入肉汤，边煮边搅拌混合。

　　猪肝汤：研碎的猪肝1小匙、土豆泥1大匙、肉汤少许、菠菜叶少许。泡掉猪肝中的血后放开水中煮熟并研碎；将土豆煮软研成泥状并与猪肝一起放入锅内加肉汤用微火煮，煮至适当浓度后表面撒些菠菜叶即停火。

　　海带汤：准备4条干海带，先用清水泡开、洗净，再切成3厘米见方的片状。放入锅内，加入6杯凉水，武火煮30分钟左右。煮沸后撇去表面的浮沫，换文火再煮10分钟左右。倒出汤水即可食用。

　　西红柿鱼肉泥：鱼肉1大匙、切碎的西红柿丁2小匙、汤少许。把鱼放热水中煮熟后除去刺和皮，然后和汤一起放入锅内煮。片刻后加入切碎的西红柿丁，再用文火煮至糊状。

　　肝泥粥：猪肝20克、大米20克、水一杯半。将猪肝洗净、去膜筋、剁碎成泥状。大米加水煮开后，改文火加盖焖煮至烂。拌入肝泥，再煮开即可。

四、护理保健

（一）护理要点

1. 吃喝

★咬妈妈乳头的宝宝怎么护理

到了这个月，相信仍然坚持喂母乳的妈妈都有这样的经历：您怀抱着吃奶的宝宝，很舒适地享受着喂奶的愉悦，内心一片温馨与甜蜜。突然间，乳头上一阵钻心的疼痛袭来，您几乎失控地惨叫一声，低头看看，原来小家伙咬了您一口。这时，如果小宝贝没有被您的惨叫声吓呆或者吓哭，就是反倒被您的叫声逗乐了，正看着您坏笑呢！那么，您应该怎么"对付"这个小顽皮呢？

（1）先让他磨牙。很多爱咬乳头的宝宝都是因为要长牙，牙龈痒痒所以找地方磨牙。因此，妈妈可以在每次喂奶前先给宝宝牙胶，让他先咬个够。

（2）只喂"小饿狼"。几乎没有饿肚子的宝宝还惦记着咬人的。当妈妈发现宝宝吃得差不多饱，开始调皮时就提早把乳头从他口中拔出来。

（3）故作镇静的行动。别让宝宝被妈妈的惊叫吓着或者逗乐，否则他要不"拒奶"要不"继续"。妈妈可以在感觉到被咬时，故作镇静地将手指头插进乳头和宝宝的牙床之间，撤掉乳头，并且坚定地对宝宝说："不可以咬妈妈。"也可以轻轻捏住宝宝的鼻子，让他张开口。

★教宝宝学咀嚼

宝宝生来就有觅食和吮吸的本能，但咀嚼功能却不会随着年龄增长自然出现，必须经过训练学习获得。一般7个月左右是训练宝宝咀嚼吞咽的最佳时期。

（1）遵照辅食添加原则。应按照"由稀到稠，由细到粗"的原则给宝宝添加辅食。此时给宝宝的食物可稍硬一些，如烤干的面包片、馒头片、磨牙棒等，果蔬也可由泥状逐渐变为末或者粒状。

（2）开始教宝宝正确的咀嚼方式。妈妈可以坐在宝宝对面，告诉宝宝："来，妈妈一口，宝宝一口。嚼一嚼，咬一咬，咕噜一口咽下去。"一边说一边夸张地示范咀嚼动作以便宝宝模仿。

（3）增加宝宝的咀嚼兴趣。爸爸妈妈不如把香蕉、熟萝卜条、手指饼干等让宝宝自己拿着吃，或陪宝宝一起吃，来增加他的咀嚼兴趣。

> **特别提示：**有的家长习惯于给宝宝喂食过烂的食物，还有的怕孩子嚼不烂而代替宝宝咀嚼，这样做就剥夺了宝宝锻炼的机会，而且既不卫生，又使食物失去了原来的色、香、味，无法提高宝宝食欲，最终延缓了宝宝学吃的过程。

2. 拉撒

★ 大便的护理

至少一岁半前的宝宝不会控制大小便是正常的。本月抵抗坐便盆的宝宝并不多，如果成人能够掌握宝宝的排便预兆，如大便前偷偷使劲、放臭屁、自己发出"嗯嗯"声、两眼发直、小脸憋得通红等，就可以不失时机地让宝宝试着坐便盆，大部分宝宝都能够把大便排在便盆中。如果一天排大便1~2次，或隔天1次，接大便的任务是比较好完成的。但需注意的是：

（1）坐便盆的时间不能超过5分钟，否则容易脱肛。

（2）坐便盆时不要给宝宝吃东西或玩玩具，否则他误以为坐便盆就是玩耍。

（3）便盆用过一次清洗一次，且需每天用开水烫洗。

当然，要知道七八个月的宝宝还不具备控制大便的能力，尽管能把大便排在便盆中，也不能说明妈妈已经成功地训练了宝宝的排便能力，以后还是要重新开始。所以，当周围的妈妈说她的宝宝已经会在便盆中排大便了，您的宝宝还不行，也不要着急。

3. 睡眠

★宝宝每天到底应该睡多久

生活中，常常每当妈妈们听到别的小宝宝能吃能睡就既羡慕又担心，担心自家的宝宝睡眠时间不够会影响长个，影响生长发育。其实，通常半岁到一岁的宝宝每天平均睡 14～16 个小时，但宝宝睡眠时间的长短，存在着明显的个体差异，有的长一些，有的短一些。只要宝宝精神饱满，食欲好，活泼好动，生长发育（身高与体重）正常，您就可以不必为宝宝睡眠时间的长短担忧。

（二）保健要点

1. 免疫接种

宝宝满8个月时，应接种麻疹疫苗。需注意如果有鸡蛋过敏症状的宝宝，需等不再过敏后再接种。试验方法为：在宝宝打算接种前，连续一周食用全蛋蛋羹，如果无腹痛、皮疹或其他不适情况下即可接种。对于麻疹疫苗的接种，一般很少出现严重反应，约有 5%～15% 的宝宝在接种6天后发热达39摄氏度及以上，持续可达5天以上。如果有此情况，最好请医生处理。

2. 接种疫苗后发热，如何鉴别是疫苗所致，还是疾病所致

首先要排除疾病所致的发热，疾病可以是接种前就感染的，也可以是接种后感染的。如果是疾病所致，检查可见阳性体征，如咽部充血、扁桃体增大充血化脓、咳嗽、流涕等症状。疫苗所致发热没有任何症状和体征，如果既有疫苗反应，也有感冒发热，症状就会比较重，体温也比较高。接种多长时间发热，与接种的疫苗种类有关。疫苗接种后的发热一般不需要治疗，会自行消退。

五、疾病预防

常见疾病

惊厥

惊厥只是一种症状，而不是一个独立的疾病。常见于5岁以下儿童，尤以6个月到2岁多见。当病儿发生惊厥时，首先应该控制惊厥，同时寻找引发惊厥的原因，并防止惊厥再次发生，以免引起窒息，或留下后遗症。

原因：不同年龄阶段，病因不完全相同。新生儿及婴儿早期（3个月内），有颅内出血、缺氧性脑病、胆红素脑病、感染、先天代谢异常等。婴幼儿期，有热惊厥是常见原因，感染、手足搐搦症、婴儿痉挛症、维生素B1缺乏症、维生素B6依赖症等均可以成为惊厥的原因。

表现：

（1）惊厥：一般多表现为突发性或阵挛性全身或局部肌群的抽动，每次发作可持续数秒至数分钟不等，可伴意识障碍。

（2）惊厥持续状态：凡惊厥一次发作大于30分钟或频繁抽搐，间歇期不清醒者称之。

（3）热惊厥特征：①首发年龄在4个月~3岁。②发热>38.5℃，先发热后惊厥，惊厥多发生在发热24小时内。③惊厥为全身性发作，伴有意识丧失，持续数分钟。④无中枢神经系感染及其他脑损伤。⑤可伴有呼吸、消化系统急性感染。⑥惊厥发作2周后脑电图正常。

（4）新生儿轻微惊厥：为新生儿期常见的一种惊厥形式，发作时表现为呼吸暂停，两眼强直偏视，眼睑反复抽搐，频频的眨眼动作，伴流涎吸吮和咀嚼动作，有时还出现上下肢类似游泳或蹬自行车样的复杂动作。

处理：惊厥属于小儿急症，故应紧急处理。

（1）将患儿侧卧，防止呕吐物吸入，松解衣被，减少不必要的刺激。

（2）将筷子或勺柄用纱布或干净手帕包裹放在上、下齿之间，防止舌咬伤，如牙关紧闭，不可强行打开。

（3）保持呼吸道通畅，惊厥反复发作时，应及时吸氧，或用10%的水合氯醛灌肠，或者注射镇静剂。

（4）若同时发热给予物理降温，如用冷毛巾敷头部。

（5）尽快送医院治疗。

六、运动健身

运动健身游戏

1. 手膝爬行

目的：锻炼手膝支撑力，为手膝爬行做准备。

方法：在地板上铺好垫子，宝宝手膝支撑在垫子上，前面放上色彩鲜艳的皮球，当宝宝伸手一碰皮球，皮球就会滚走，宝宝就会爬过去再抓皮球，成人在一旁鼓励说"宝宝加油"，不断增加宝宝爬行的兴趣。

成人把宝宝喜欢的玩具放在宝宝伸手能够着的地方，宝宝趴在地垫上，成人拿挂有带响玩具的绳子，逗引宝宝爬过来够玩具。当宝宝手碰到玩具时，成人再把绳子向前移动一下，鼓励宝宝继续向前爬行拿玩具。

2. 扶物站立

目的：发展宝宝的下肢力量，训练站立的能力。

方法：扶宝宝站在床边，床上放置一些玩具，吸引宝宝的注意力。当宝宝双手扶在床边想抓取玩具时，成人短暂松开手，使宝宝站立片刻，在宝宝身体出现倾斜时即刻扶住。

3. 踢腿游戏

目的：锻炼宝宝脚上的功夫和灵活性。

方法：在宝宝吃饱以后，身心非常舒适的情况下，把宝宝放在床上仰卧，成人面对宝宝。宝宝愉快地蹬腿的时候，成人用双手拍击宝宝的脚，就像互相击掌一样。

4. 四肢协调训练

目的：练习宝宝的爬行能力。

方法：当宝宝开始出现爬的意识后，成人应协助宝宝做好四肢运动训练。在宝宝俯卧时，把一条毛巾垫在宝宝的腹部，成人抓住两端向上略提，在宝宝头的前方放一些玩具吸引宝宝去抓。此时，成人轻轻提起宝宝的身体，宝宝的身体离床面约5厘米，使宝宝的手脚有活动空间，在宝宝作出脚蹬、手扒的动作时，成人提着宝宝的身体配合宝宝的动作向玩具方向移动，直到宝宝能抓到玩具。

5. 坐飞机

目的：训练宝宝的平衡协调能力。

方法：成人仰卧，双膝弯曲，宝宝俯卧在成人的双小腿上，宝宝面对成人，成人的双手抓住宝宝的双手或双臂，成人双脚左右摆动起来。当宝宝适应后，可以手持宝宝身体，让宝宝两手臂伸展开来，成人双脚左右摆动的幅度可以加大，让宝宝感受旋转，边游戏成人边说："宝宝坐飞机了，飞机飞起来了。飞到外婆家了，飞到阿姨家了。"

特别提示：游戏中注意宝宝的安全，成人要有很好的腿部力量。

七、智慧乐园

益智游戏

1. 袋鼠妈妈

目的：帮助宝宝感受儿歌的节奏与旋律，提高语言理解能力。

方法：妈妈拿出袋鼠图片，对宝宝说："宝宝看，这是一只小袋鼠。"当宝宝对小袋鼠感兴趣时，妈妈再拿出袋鼠和老狼的头饰，分别戴在头上和宝宝一起游戏。

妈妈双臂搂抱着宝宝（妈妈和宝宝面对面、宝宝双腿插在妈妈腰部两侧），妈妈和宝宝扮演袋鼠妈妈和袋鼠宝宝。爸爸扮演狼，播放音乐《小袋鼠》，或者一起有节奏地说儿歌做游戏。

小袋鼠

袋鼠妈妈有个袋袋，袋袋里面有个乖乖，（边走边说边颠宝宝）

乖乖和妈妈相亲又相爱——，（边走边左右摇晃宝宝）

咚、咚、咚、咚，咚、咚、咚、咚，（爸爸发出敲门声，戴着狼的头饰来到圈内）

狼来了！（妈妈轻声说）（呜——呜——呜——爸爸模仿狼叫并在圈内跑表示要抓袋鼠，妈妈抱着并挡着宝宝找一地方蹲下，表示藏起来）

狼跑了！（妈妈告诉宝宝，并抱宝宝站起来）

游戏重新开始。

2. 小洞内有什么

目的：训练宝宝的手指灵活性，增加触觉感知能力。

方法：准备透明的塑料杯子或盒子，上面做好1～2厘米直径的多个光滑的小洞，内放安全的、不同形状的物品。成人先将带有小洞的透明塑料杯子放在宝宝面前，引导宝宝用手指伸进小洞内，宝宝可以清楚地看见手在小洞内的动作，宝宝的手伸进去碰到海绵、棉花、纸球、树叶、缝制好的小豆豆袋、小沙包等，会有不同的感觉。

3. 好玩的纸盒

目的：培养宝宝的观察力、记忆力和认知能力。

方法：成人拿出一个纸盒，纸盒的六面贴着宝宝喜欢的图片，如小汽车、小鸡、小猫、小狗、苹果、小羊等区别较大的图片。成人对宝宝说："宝宝看，我找到一个好玩的纸盒。"成人边操作边转动纸盒，指着上面的图片告诉宝宝："这里有一只小猫，它会喵喵叫；这里有一辆小汽车，它会嘀嘀叫……"成人引导宝宝将纸盒上的图片逐一认识后，便悄悄地把纸盒藏到房间的角落里，引导宝宝到房间的各个角落找盒子。在宝宝找到盒子后，和宝宝一起玩游戏。

特别提示：成人先引导宝宝熟悉纸盒上的图片名称；然后再说出某一图片的名称，让宝宝去找一找，当宝宝找到相应的图片时，亲一亲、抱一抱宝宝，并对宝宝说："你真棒，真聪明！"以示表扬。

4. 听话取物

目的：训练宝宝的记忆力和语言理解能力。

方法：成人拿出一些宝宝熟悉或者喜欢的物品，同时说出物品名称，引导宝宝能指认出来。在许多的物品中，成人先选择一种宝宝最熟悉的物品放到某个地方，描述出这种物品的名称和特征，让宝宝根据描述作出判断，把物品取回来。例如，在桌子上放着一个红皮球和一个"娃娃"玩具，成人说："红皮球呢？把红皮球拿来。"宝宝就会根据所描述物体的特征去寻找，当宝宝可以找到并且正确取回时，成人一定要给予宝宝表扬和鼓励。

八、情商启迪

情商游戏

1. 宝宝飞

目的：让宝宝学习爸爸表现出的那种力量和冒险精神，从中体会游戏带来的愉悦心情。

方法：爸爸将宝宝托在肩膀上，把宝宝举上举下转圈圈，让宝宝从不同的高度来看世界；或者让宝宝面朝下，爸爸的双手托住宝宝的身体，让宝宝像飞机一样起飞、俯冲。爸爸把宝宝举在空中的时候，爸爸和宝宝可以一起唱歌，体会游戏带来的快乐。

2. 打电话

目的：尝试模仿成人的活动，感受沟通带来的乐趣。

方法：妈妈和宝宝各拿一个玩具电话，妈妈模拟打电话的样子，对宝宝说："喂，××在家吗？"然后帮助宝宝把电话放在耳边，鼓励他跟妈妈"对话"。当宝宝咿咿呀呀跟妈妈"说话"时，妈妈一定要有所回应。

3. 礼貌手语

目的：学习礼貌用语，理解语言与动作之间的关系，同时，引导宝宝逐渐学会与人沟通。

方法：成人把宝宝抱在怀里，握住宝宝的双手，教宝宝练习拍手，并配合语言："欢迎！欢迎！"再挥动宝宝的右臂，并配合语言："再见！再见！"可以配合一首儿歌："客人来了我欢迎，拍拍手儿真高兴。客人走了挥挥手，下次再来行不行。"还可以让宝宝练习其他动作，如"作揖——谢谢""握手——你好"，培养宝宝的礼貌习惯。

九、玩具推介

8个月的宝宝食指比较灵活，经常喜欢用食指拨弄物体或将手指伸入小洞里玩。应该给此时期的宝宝选择一些指拨玩具，如我的电话、积木小房子、奇趣滚珠等。这时期的宝宝也要继续发展认知能力和手眼协调能力，所以也要多选择一些生活中常见的物品玩具和推拉玩具，如各种小餐具、厨房用品、各种小动物、各种瓜果、蔬菜、清洁用品、小推车、滚筒、娃娃、油画棒等。

十、问题解答

1. 宝宝不好好吃东西怎么办?

有的宝宝就是不喜欢吃粥，爱吃米饭。成人不敢喂米饭，怕呛着宝宝，认为宝宝还没有牙，不会咀嚼。其实这种担心是没有必要的，如果宝宝爱吃米饭，不爱吃米粥，那就喂米饭好了，不好好吃粥的问题也就解决了。

有的宝宝不爱吃蔬菜，这可能是前几个月给菜水或菜汤吃，味道比较单调，宝宝吃够了。试着给宝宝喂一口成人吃的菜，如果宝宝很爱吃，说明宝宝已经喜欢美味了，做菜时就要讲究味道，不能是水煮菜了。

有的宝宝不喜欢剁得非常碎的菜，看起来像菜泥，更喜欢吃大一点的菜了。有的宝宝喜欢吃香的，在菜里放上肉汤，会很喜欢吃。宝宝长大了，开始喜欢吃滋味浓厚的菜了。

有的父母一直不敢给宝宝吃盐，这是不对的，应该少放些要适量，不能放多，肉类食品如果不放些盐，一顿就会让宝宝吃够。有的蔬菜可以没有咸淡味，有的菜没有咸淡味是很难吃的。

到了这个月，宝宝最不爱吃的可能是蛋，有的宝宝从出生后3～4个月就开始吃蛋黄，而且都是吃不放盐的蛋黄，有时还放到奶里。如果宝宝也不爱吃牛奶了，就会更不爱吃蛋。宝宝不爱吃蛋了，没有关系的，肉里的蛋白质也是很丰富的，而且更有利于蔬菜中铁的吸收。可以暂时停一段时间蛋，再吃时也许就喜欢吃了。做鸡蛋的方法要不断变换，不能每天都是鸡蛋羹、鸡蛋汤，很容易吃腻的。

有的宝宝食量小，和食量大的宝宝相比，对食物就比较挑剔，妈妈总是希望宝宝吃得多,这就会使一些食量小的宝宝被妈妈当做不好好吃,而硬是喂足妈妈认为应该吃的量，这对宝宝是很不公平的。

有的宝宝自从添加了辅食，就不喜欢喝牛奶了。如果无论如何宝宝也不吃牛奶，也不要想着必须喝500毫升的牛奶，蛋和肉也能提供足够的蛋白质。如果不喝奶，也不吃蛋肉，只吃粮食和蔬菜，就不能提供足够的蛋白质了，应该减少粮食的摄入量，鼓励宝宝吃蛋肉或奶。

如果宝宝爱吃面食，就把肉或蛋包在饺子和馄饨里。有的宝宝比较爱吃海产品，可以做虾汤或鱼肉丸子。

有的宝宝爱吃豆制品，豆里含的是粗质蛋白，不易吸收消化，吃多了会引起腹胀，只能吃很小量的豆制品。

不管宝宝多爱吃的食物，总吃都会吃够的，所以，即使是很爱吃的食物，也不要无限制地让宝宝吃，也不能每天都吃同一种食物。要穿插着，不断更换食物种类，才能使宝宝不厌食某种食物。

2. 宝宝不认生好不好?

有的宝宝很早就认生，可有的宝宝到了这个月仍然不认生，谁抱都跟，见谁都笑。爸爸妈妈怀疑了，宝宝是不是不聪明啊?

认生的早晚与聪明与否没有直接的联系。这与宝宝的性格有关，很小就认生的宝宝，有的到了很大还是认生，不喜欢和小朋友玩，小朋友喊他的名字，反应也不热情。倒是有些不认生的宝宝，很喜欢和人交往，人缘好。

有的宝宝从两个月起就开始认生，可长大了却很随和。认生早、认生晚都没有关系，父母不必为此担心。怀疑宝宝不聪明（如果是智障儿，连父母认得也晚），从认生这一现象上，不能说明宝宝智力及其他发育程度的好坏。

父母会担心，宝宝不认生会被生人抱走，长大了容易受骗，这更是没有根据，没有意义的想法。认生的宝宝也会很容易被人抱走，只要那人想抱走，几个月的宝宝会反抗吗?无论是认生还是不认生的宝宝，父母都要好好看着。所以不认生无所谓好与不好。

3. 宝宝流口水加重怎么办?

爸爸妈妈可能会发现这样的现象：宝宝的下巴一直是干干的，从来没有流过口水，怎么大了反而流起口水来了？或者宝宝以前流口水也没有这么重，以前一天换一次围嘴就可以了，现在一天换三四次还是湿的，怎么越大，口水流得越重了？

父母不能解释这种现象，只好跑到医院看医生。医生看看宝宝的口腔，没有溃疡也没有疱疹，没有糜烂也没有红肿，口腔黏膜、嗓子、牙龈都没有异常。下牙床有隐隐的小白牙要出来了。医生告诉妈妈：宝宝是要出牙了，在乳牙萌出时会流口水。添加辅食后，宝宝的唾液腺分泌增加，但宝宝吞咽唾液的能力还不够，所以也会流口水。

有的宝宝出牙时可能会有疼痛感，但那是很轻微的，可能仅仅在晚上睡觉前闹一会儿，或半夜醒了哭一会儿，不会很严重的。

有口腔病就不同了。如果是有病造成的流口水，就不会只有流口水的表现了，可以咨询一下，有必要再带宝宝上医院。如果宝宝只是流口水或较前加重，又是乳牙萌出期，其他都正常，就没有必要带宝宝上医院。这个月的宝宝容易感染上病毒，也容易感染上传染病。

4. 宝宝大便干燥怎么办?

宝宝一切正常，就是大便干燥，很顽固，用了许多办法也不奏效，这是半岁后宝宝常见的问题，妈妈无计可施。根据临床实践，比较有效的家庭护理方法如下：

（1）饮食：将花生酱、胡萝卜泥、芹菜泥、菠菜泥、白萝卜泥、香蕉泥、全粉面包渣，与小米汤和在一起，做成小米面包粥。这些食物不一定一次都要有，可以交替使用。把橘子汁改为葡萄汁、西瓜汁、梨汁、草莓汁、桃汁(要自己榨的鲜汁，不是现成的罐头汁)。每天喝白开水，以宝宝能喝下的量为准。

（2）腹部按摩：妈妈将手充分展开，以脐为中心，捂在宝宝腹部，从右下向右上、左上、左下按摩，但手掌不在宝宝皮肤上滑动。每次5分钟，每天1次。按摩后，让宝宝坐便盆，或把宝宝，最长不超过5分钟，以两三分钟为好。如果宝宝反抗，随时停止把便。每天在固定时间按摩把便。持之以恒，定会收效。除非万不得已，尽量不要使用开塞露，也不要使用灌肠的方法。

5. 宝宝吸吮手指怎么办？

6个月以后的宝宝仍然吸吮手指，这种情况并不少见。宝宝吸吮手指的确切原因，很难给出清晰的回答。但不管什么原因，从这个月开始，应该注意宝宝吸吮手指的问题了。如果是睡觉前吸吮手指，妈妈就要让宝宝拿着玩具睡，或妈妈把宝宝的两只手握在一起，陪着宝宝入睡。要尽量减少宝宝吸吮手指的机会，但不能像教宝宝语言那样，嘴里说"宝宝不能吃手"。妈妈只应该尽最大可能减少宝宝吃手的机会，一切强制措施都是没有效果的，还可能会适得其反。

9个月的宝宝

9 GE YUE DE BAOBAO

一、发展综述

9个月的宝宝喜欢翻身，学会了扶物站起，会横行跨步，扶着床边栏杆站得很稳。俯卧时可向后退，并可用手及膝爬着挺起身来。运动技能进一步发育。

9个月的宝宝有时会咬玩具，最初婴儿对世界的探索都是通过嘴来实现的。由于出牙，牙床痒，有时也会咬玩具来磨牙。这时成人可以准备磨牙饼、牙胶等，既卫生又能满足宝宝的生理心理需要。

9个月的宝宝喜欢别人称赞他（她），这表明他（她）的语言行为和情绪都有所发展，他（她）能听懂你经常说的表扬类的词句，因而作出相应的反应。

宝宝开始对于细小物体特别感兴趣，对周围环境的兴趣大为提高，能注视周围更多的人和物体，随不同的事物表现出不同的表情，会把注意力集中到他（她）感兴趣的事物和颜色鲜艳的玩具上，并采取相应的行动。这时，可以让宝宝进行多维物体的观察，刚开始可以用比较单一颜色的图片，以后逐渐增加颜色多的物体；先是两维的图片纸张等，以后可选择三维的；形状也要千变万化的，方形、圆形、球形、立体形、半球形、楔形、不规则形状，以及长的、短的等等。另外，建议多带宝宝到体育活动比较多的场所做视觉训练，如各种球类运动，因为球类的运动其方向性千变万化，再加上运动员的积极跑动和追随，能大大增强宝宝视觉范围的训练和感受，刺激大脑中枢视觉反射区的发育和发展。

二、身心特点

（一）体格发育

1. 身长标准

男童平均身长为 72.3 厘米，正常范围是 69.7～75.0 厘米。

女童平均身长为 70.4 厘米，正常范围是 67.7～73.2 厘米。

2. 体重标准

男童平均体重为 9.2 千克，正常范围是 8.2～10.2 千克。

女童平均体重为 8.6 千克，正常范围是 7.6～9.6 千克。

3. 头围标准

男童平均头围为 45.5 厘米，正常范围是 44.5～46.5 厘米。

女童平均头围为 44.4 厘米，正常范围是 43.3～45.5 厘米。

4. 胸围标准

男童平均胸围为 44.9 厘米，正常范围是 43.0～46.8 厘米。

女童平均胸围为 44.0 厘米，正常范围是 42.2～45.8 厘米。

（二）心理发展

1. 大运动的发展

9 个月的宝宝爬的速度更快，动作更加协调了，并且可以有花样爬行动作。这个时期的宝宝可以在成人的帮助下站立、蹲下，可以自己扶着家具走。

2. 精细动作的发展

9个月的宝宝能将手中的小物品投入到容器中，如将小球投到小桶中。还可以学着打开瓶盖和将瓶盖盖上。

3. 语言能力的发展

9个月的宝宝处在善于模仿语言的阶段，大部分音节都可以模仿，经常能听到这个时期的宝宝喃喃自语。并且对常用语言有了一定的理解。

4. 认知能力的发展

这个时期的宝宝喜欢看带鲜艳图画的书，并能认识图中的一些事物，也喜欢听成人讲故事。9个月的宝宝能掀开小杯子，寻找杯子里扣着的小玩具。

5. 自理能力的发展

这个时期的宝宝大小便可以坐便盆，可以用小勺自己吃饭。成人给宝宝穿衣服时，能够伸手、伸脚配合。

三、科学喂养

（一）营养需求

随着宝宝的发育，宝宝能够接受各种捣碎的食物，学会并喜欢咀嚼食物。渐渐开始从吃奶过渡到喜欢吃三顿辅食，同时再喝一些水、稀释的果汁或牛奶。给宝宝食物的量需要几周的时间来慢慢增加，一直加到可以从固体食物中得到生长所需要的热量，替代从奶中获取的热量。随着吃固体食物次数的增加，宝宝对奶的需求量逐渐减少。母乳喂养的次数要减少到2～3次，在早起、中午和临睡前各喂1次。人工喂养的宝宝，牛奶量要保持在500～600毫升。

个别宝宝可能缺乏铁元素，有轻微的贫血。缺钙的可能性不大。有的父母认为鱼肝油和钙是营养品，认为越多越好，这是错误的。补充过量的鱼肝油和钙可导致中毒。维生素A过量，可出现类似"缺钙"的表现，如烦躁不安、多汗、周身疼痛，尤其是肢体疼痛、食欲减低。维生素D过量，可导致软组织钙化，如肝、肾、脑组织钙化。

（二）喂养技巧

1. 喂养中的一些问题

★ 母乳喂养向完全断奶过渡

母乳喂养的重要性从出生后6个月开始减弱，到了这个月，母乳的作用再次减弱，一天喂3～4次母乳就可以了。妈妈乳汁分泌量开始减少，爱吃饭菜的宝宝多了起来。

爱吸吮母乳的宝宝已经不再是为了解除饥饿，更多的是对母亲的依恋。如果乳汁不是很多，应该在早晨起来、晚睡前、半夜醒来时喂母乳。如果已经没有奶水了，就不要让宝宝继续吸着乳头玩。这个月虽然没有面临断奶的问题，但为了以后顺利断奶，可以做些必要的准备。这时特别要注意，不要强硬地断母乳，避免在喂养上和宝宝发生冲突，这样才有利于向完全断奶过渡。

★ 为断奶做准备

随着宝宝一天天长大，母乳已不能满足宝宝所需的营养成分，母乳分泌量在6个月后减少，质量也降低。专家指出，婴儿断奶以出生后8～12个月为佳，最迟不能超过18个月。如果宝宝能够适应各种辅食，且吃得很好，妈妈可以逐步减少喂奶次数，为断奶做准备。从添加辅食开始，宝宝要开始逐渐适应奶水以外的食物，慢慢习惯用牙齿来咀嚼。在添加辅食的过程中，妈妈可以教宝宝学会使用奶瓶、杯子、小勺等用具。断奶一般是妈妈先停止夜间哺乳，以后再慢慢减去白天上午和下午的哺乳。次数逐渐减少直到完全断奶，是一个自然过渡的过程。吃奶次数的减少，也会降低对妈妈乳头的刺激，减少催乳素的分泌，最终减少乳汁分泌。

★牛乳喂养基数500毫升

这个月宝宝每日牛乳摄入量应是500~800毫升。这个月给宝宝吃奶的目的是补充足量的蛋白质和钙剂。如果宝宝就是不吃奶类食品，可以暂时停一小段时间，不足的蛋白质和钙，通过肉蛋来补充。但是不要彻底停掉，即便一次吃几十毫升也可以。如果长时间不给宝宝喝奶，宝宝对奶的味道可能会更加反感。

有的宝宝半夜会醒来啼哭，如果喂牛奶后，可以使宝宝安稳入睡，就不要坚持晚上不给宝宝喂奶的原则。实际上，到了半断奶期的宝宝，晚上喂奶并非像人们认为的那样有害。妈妈可能会担心，吸着奶头入睡，可能会使宝宝发生龋齿。其实，母乳中有抑菌成分，不会影响到宝宝的牙齿。

2. 本月辅食基本原则

（1）白天两顿奶中间添加一顿辅食，一天加两次。

（2）辅食的量要根据宝宝的食量而定，一般情况下每次是100克左右。

（3）辅食的种类可以是多种多样的。主食有面条、粥、馄饨、饺子、面包。有的婴儿能吃米饭和馒头等固体食物。只要宝宝能吃，也喜欢吃，是完全可以的，米饭要蒸熟些。

（4）副食有各种蔬菜、鱼、蛋、肉类，可以吃猪肉和鸡肉，肉制品必须剁成肉末，至少也要剁成肉馅那样大小。

3. 注意事项

8~9个月的宝宝对于食物的喜恶逐渐明显起来，偏食是很普通的事情，但是通常不会持续很长时间。如果宝宝偏食，给他其他多种多样的食物。通常来说，味觉敏感的宝宝，对食物的喜恶就越明显。成人尚且有自己不喜欢的食物，何况宝宝呢?很多宝宝在婴儿期不喜欢的食物，到了幼儿期就喜欢吃了。应该注意的是，父母的饮食习惯和口味对宝宝的影响很大，所以父母要身先士卒给宝宝作出表率。对于宝宝不喜欢的食物，可以采用多种方法引起宝宝对食物的兴趣。成人多花一点心思，可以将食物放在肉馅里或者包在蛋饼里让宝宝吃，还可以切成小块拌在米饭中或者酱汁里。尽量让宝宝接触多种口味的食物，只有这样他们才更愿意接受新食物。宝宝不愿意吃的话，多尝试几次，或者过一阵子再试试，但是不要强迫、斥责和责骂。逼迫宝宝吃不喜欢的食物，可能会造成厌食症。

（三）宝宝餐桌

1. 一日食谱参照

（1）主食：母乳及其他（牛奶、稠粥、烂面条、馒头片等）。

餐次及用量：

母乳或牛奶220毫升：上午6：00，下午6：00，晚上10：00。

稠粥2/3碗（1碗250毫升），菜末/鱼泥/豆腐泥2~3勺（1勺10毫升）：中午12：00。

烂面条2/3碗（1碗250毫升），肉泥/肝泥/血2~3勺（1勺10毫升）：下午6：00。

（2）辅食：

①蒸鸡蛋羹1个：上午9：00。

②苹果等水果刮泥1个，下午2：30。

③各种鲜榨果汁、温开水等，任选1种：120克/日。

④浓缩鱼肝油：3滴/次，2次/日。

2.巧手妈妈做美食

白萝卜鱼肉泥：鱼肉1大匙、白萝卜丝2大匙、海带汤少许。鱼洗净、去鳞，放热水中煮一下。除去骨刺和皮后，碾碎，与白萝卜丝同放入锅内，加入海带汤一起煮至糊状。

牛奶豆腐：豆腐1大匙、牛奶1大匙、肉汤1大匙。把豆腐放沸水中煮熟，过滤，再入锅。倒入牛奶和肉汤，混合均匀后用文火煮，煮熟后可以撒上一些青菜末。

猪肉蛋饼：鸡蛋200克、猪肉50克、植物油少许，葱、姜、蒜末、番茄酱适量，盐、糖、米醋、味精及水淀粉适量。将鸡蛋打入碗中放少许盐、味精，打散待用。猪肉洗净、切末，待用。将蛋液入油锅摊成厚薄均匀的饼状，两面略金黄，熟后盛入碗中。炒锅中放少许油，放入葱花、蒜末煸香，再放入适量番茄酱及少许汤汁，煸出红油后，放入肉末煸炒，加盐、糖、味精炒至肉粒熟后淋少许米醋，水淀粉勾芡后，盛入蛋饼中即可。

四、护理保健

（一）护理要点

1.吃喝

★给宝宝喂药，智取是关键

由于宝宝6个月以后从母体里带的免疫物质和从母亲初乳里获得的

免疫物质都消耗殆尽，而宝宝自身的免疫力还未建立起来，所以6个月以后的宝宝容易生病。

宝宝生病，爸爸妈妈最头痛的就是喂药了。但您只要掌握了一些小技巧，给宝宝喂药并不像想象中那么难。首先，在喂药前，先用高温蒸汽或开水消毒喂药用具，还要给宝宝戴好围嘴，防止药物溢出弄脏衣服。喂药时，采用和喂奶一样的姿势，将宝宝抱在怀里。

（1）最好用小勺子喂药，慎用奶瓶喂苦药。否则容易让宝宝把吃药的不愉快经历和吃奶、喝水联系起来，造成以后拒绝吃奶瓶。

（2）对于粉状或需研磨成粉状的药剂，爸爸妈妈尽量用少许水化开，争取让宝宝只吃一口就解决问题。

（3）不要把药倒在味觉灵敏的舌面上，最好每次装小半勺药水放入宝宝口腔2/3时再慢慢倒下去。药水倒完后，暂不拿出，避免宝宝吐出药水。待宝宝吞下后，才拿出小勺。之后可以适量喂些糖水。最后喂些温开水，将宝宝口腔中的药液冲干净。

（4）也可给宝宝准备些果汁，用勺喂的过程中，逐次间隔加一勺药，然后紧接着再喂果汁。让宝宝在还没有弄明白怎么回事的情况下就已经完成了喂药。

> **特别提示：** 为防止宝宝吐药，喂药后应将宝宝立起，轻轻拍其背部，防止反胃呕吐。注意不能将药和牛奶、奶水混在一起喂，避免降低药效。

2. 拉撒

★ 不要勤把尿

有些爸爸妈妈将给宝宝成功把尿、把便视为自豪的事，但是要知道，1岁半以内的宝宝控制不了尿便是很正常的事。即使宝宝很配合您的动作和口哨，但是也应注意：

（1）把尿不能过频，否则容易造成宝宝以后尿频的毛病。一般1.5～2小时把1次，吃奶半小时后一般有1次小便。

（2）夏天身体水分由汗液排出一部分，所以，夏天尿量少些，把尿更不能太勤。

（3）观察宝宝尿前反应。如暂时的打激灵，突然愣神……捕捉到宝宝尿前反应后再把尿。

3. 睡眠

★ 开灯睡眠不利婴儿健康

有些爸爸妈妈为了晚上给宝宝喂奶、换尿布方便，长期开着灯睡觉。殊不知，如果人工光源长期刺激，会使宝宝躁动不安、情绪不稳、睡眠不实。除此，还使宝宝眼睛处于疲劳状态，容易损伤视网膜和视力。以视力发育为例，据英国学者报告：睡觉时居室内开着小灯的孩子有30%成了近视眼，而灯火通明的孩子近视眼的发生率则高达55%。

4. 其他

★ 保护会爬的宝宝

宝宝会爬了，看到孩子一天天长大，又学会了新的本领，父母的喜悦心情无法比拟，但此时更应提醒父母要注意宝宝爬行的安全和卫生。

（1）爸爸妈妈不妨模仿宝宝爬爬，用宝宝的高度看看这个世界。这时您会发现，很多成人习以为常的物品都是对好像在小人国的宝宝有威慑力的。如推拉门的轨道、尖锐的门把手、电器插座、掉在地上的曲别针、垃圾桶……不管是什么，对宝宝都有强烈的吸引力，都会促使他放在嘴里啃咬。

（2）逐一尝试用宝宝的高度去拉拉、抠抠、拽拽家居的任何部分，包括柜子里面。看看有什么不稳当或容易抠掉的零部件。

（3）在床周围铺上软垫，以防宝宝从床上直接掉在地板上。

（4）浴室、阳台、厨房对宝宝而言，是最危险的地方，平时要注意锁好门，尽量别让宝宝进入。

（二）保健要点

1. 健康检查

9个月的宝宝已经开始像个小大人了。此时健康体检的主要内容是：身长体重、能力测试等。此时宝宝可以长出0～4颗牙了。

2. 免疫接种

满9个月的宝宝需打流脑疫苗。

3. 到了预防接种时间，正好宝宝病了怎么办

如果宝宝仅仅是轻微感冒，体温正常，不需要服用药物，特别是不需要服用抗菌素（因为抗菌素对预防接种疫苗影响最大），那么宝宝就可以按时接种疫苗。而且，爸爸妈妈需注意，接种后1～2周也不要吃抗菌素类药物。如果必须使用，要向预防接种的医生说明，看看是否需要补种。如果发烧，或感冒病情较重，必须使用药物，可暂缓接种，向后推迟，直到病情稳定。如果已经服用抗菌素，要在停止使用后1周接种。

五、疾病预防

常见疾病

1. 百日咳

百日咳是小儿时期常见的急性呼吸道传染病，因病程长达2～4个月，故有百日咳之称。本病主要见于婴幼儿，1岁以内占1/3以上。

原因：嗜血杆菌随着患儿咳嗽时的飞沫传染致病。

表现：阵发性痉挛性咳嗽，咳嗽起来持续不断。脸憋得通红发紫，最

后以深长吸气终止。吸气时产生鸡鸣样吼声，同时鼻涕、眼泪、痰液一起咳出才算完毕。如此间断反复发作，面部浮肿，粘膜可见细小出血点。

防治：预防本病的根本是按计划免疫程序接种白百破疫苗。一旦感染了本病，应尽早使用红霉素、氯霉素或者氨苄青霉素控制百日咳嗜血杆菌的感染。

2. 肠套叠

一部分及其附着的肠系膜，套入到邻近一部分肠腔内，是小儿最常见的急腹症之一。多见于4～10个月的宝宝，2岁以上逐渐减少。

原因：婴儿肠套叠，多见于健康肥胖的婴儿。一般认为与肠蠕动紊乱有关。

（1）当饮食发生改变时，婴幼儿的消化道未能立即适应新加食物的刺激，导致肠道功能紊乱，而发生肠套叠。

（2）婴幼儿肠套叠发生在回盲部的达95％以上，可能与小儿盲肠活动度大有关。

（3）胃肠道受到食物、炎症、腹泻、细菌等因素的刺激，而发生痉挛，运动节律失调或有逆蠕动所致。

（4）肠系膜淋巴结肿大和回盲部集合淋巴小结增殖可引起肠套叠。

（5）病毒因素：近年来研究证明腺病毒感染与肠套叠有关。

表现：腹痛、呕吐、便血、腹部肿块四个症状同时出现，基本可以确定为本病。

患儿突然哭闹不安，面色苍白，手足乱动，异常痛苦，这是一种腹痛的表现。呕吐为肠套叠的早期症状之一，在哭闹开始不久后就可发生。便血是肠套叠的特征之一，排出的便呈果酱样。当腹痛暂停后，可在腹部摸到肿物。

防治：婴幼儿常因饮食的改变不当而发生肠套叠，所以添加辅食时，每次只加一种，从小量开始，使胃肠道有一个适应的过程。

婴幼儿患上呼吸道感染、腹泻，突然发生阵发性哭闹、脸色苍白、伴有呕吐时，应高度重视有无肠套叠发生，一旦怀疑病人有肠套叠，立即去医院就诊不可延误。

平日要避免由喂养时间不当、喂养方法不当、食物冷热不均等因素造成肠管蠕动紊乱。

六、运动健身

运动健身游戏

1. 花样爬行

目的：学会手足爬行，促进身体四肢动作协调。

方法：宝宝经过一个月的爬行训练，到9个月时已经由原来的手膝爬行过渡到手足爬行。由不熟练、不协调逐步到熟练、协调。成人可用宝宝喜欢的玩具逗引他，一会向前、一会向左、一会向右、一会向后，也可以放一个枕头或椅垫让宝宝爬过去；还可以成人平躺，让宝宝从成人身体上爬过去，让宝宝有兴趣地爬行，达到促进四肢动作协调的效果。

2. 坐起，躺下

目的：训练身体的控制、支持能力。

方法：在垫子上放一些宝宝喜欢的玩具，宝宝可以坐着玩一会儿，这时成人拿来录音机，吸引宝宝听好听的故事或音乐，然后说"好宝宝，是不是累了，咱们躺下听吧！"鼓励宝宝自己躺下听故事、音乐，听完一个故事以后，再说："咱们都累了，起来喝点水吧！"鼓励宝宝自己坐起来。

3. 双腿跪

目的：锻炼手膝支撑力，为手膝爬行做准备。

方法：宝宝从3～4个月左右开始，成人就将宝宝抱坐在自己的大腿上，和他一起看画报说儿歌。当宝宝长到今天这么大时，成人可以仰卧在床，把玩具放在腹部，让宝宝跪在成人身体的一侧，依伏着成人身体玩玩具。

4. 单臂支撑

目的：锻炼手膝支撑力，为手膝爬行做准备。

方法：宝宝俯卧在床上，用玩具逗引宝宝双手手臂支撑起来，然后再用新鲜的玩具逗引宝宝用一只手前臂支撑着，另一只手伸出去拿玩具，手刚碰到玩具时，成人又用玩具去逗引支撑的手来拿玩具，而宝宝用另一只手臂来支撑自己，这样反复练习几次后，再把宝宝抱起坐着玩一会儿玩具。

5. 越障碍爬

目的：训练手膝支撑力及四肢平衡协调能力。

方法：

（1）在铺有垫子的地板上，两个成人面对面坐好，用双手拉起成为一个"山洞"，鼓励宝宝爬过"山洞"，同时反复说"宝宝快来钻山洞"，增加宝宝爬行的趣味性，如果宝宝钻不过"山洞"，成人可移动双手，尽量让宝宝钻过去，使宝宝感到成功后的喜悦。

（2）宝宝手膝着地（床）。在宝宝前面放一枕头或大盆或成人腹部，鼓励宝宝爬过去。也可爬楼梯：在楼梯上铺好一块地毯，在妈妈看护下，鼓励宝宝爬上爬下。

七、智慧乐园

益智游戏

1. 看到了，找到了

目的：记住看见的物品，训练宝宝视觉的记忆力、辨识力和注视专注力。

方法：成人有意在宝宝的视线内，将三个玩具（大小可以放进盒子里）依次横放在桌面上，并用一个纸杯随意盖住其中一个玩具。盖住后成人用惊讶的表情和语气对宝宝说："哪个玩具不见了，它到哪里去了呢？宝宝快来找一找。"在宝宝依次找出玩具后，成人再次将三个玩具依次横放在桌面上，用两个纸杯分别随意盖住其他两个玩具。用同样的方法进行，能够找到一个遮挡物后，再同时盖住两个遮挡物训练。宝宝全部找出后，成人可增加游戏难度，用一块白色小毛巾盖住三个玩具。积极地启发宝宝把三个玩具找出来，并激励和鼓励宝宝，让宝宝有成就感。

2. 理解大小

目的：理解并辨别物体的大和小。

方法：把两个大小不同的苹果放在桌上，成人抱着宝宝坐在桌旁，手指着大苹果告诉宝宝："这是大的。"指着大苹果重复说三遍，再指着小苹果告诉宝宝："这是小的。"同样重复三遍。在宝宝理解之后，妈妈对宝宝再说："把大的拿给我。"宝宝会准确无误地给成人拿大个的苹果。

成人在开始训练宝宝的时候，先给宝宝一个指令，不要一会儿让宝宝拿大的，一会儿又让宝宝拿小的，这样宝宝会混淆。这个月龄的宝宝只能理解和接受一种命令，还未能学会在两个命令中作出区分的能力。

3. 布娃娃的脸

目的：训练宝宝的认知能力。

方法：成人拿着布娃娃对宝宝说：布娃娃有鼻子、有眼睛、有嘴巴……然后当着宝宝的面，将布娃娃翻成俯卧位，宝宝就看不见布娃娃的脸了，这时成人问宝宝："看不到娃娃的眼睛了，看不到娃娃的鼻子了，也看不到娃娃的嘴巴了？怎么办？"

成人让宝宝用手去"救"布娃娃，当宝宝成功翻回布娃娃，看到了娃娃的鼻子、眼睛、嘴巴等时，成人要很高兴地告诉宝宝："啊，娃娃有眼睛了！娃娃有鼻子了!娃娃有嘴巴了!娃娃对宝宝笑了！"之后，成人可以直接对着身体各部位和宝宝进行反复训练。

4. 捏物

目的：训练宝宝的手指灵活性和手脑协调能力。

方法：

（1）引导宝宝手握一根芹菜等可摘叶的蔬菜，成人先示范用手指捏住菜叶，然后一片一片摘下放进篮子里，让宝宝跟着学习摘叶子。练习时，还可使用替代物品做活动教材，如：磁性微型围棋、跳棋、象棋等。

（2）成人先在一个碗里放入红枣或者带壳花生，引导宝宝随意抓、捏等，同时再拿来另一个空碗，示范每次用拇食指捏住一个红枣或带壳花生，放入空碗中，然后让宝宝也模仿成人的动作来做，反复游戏，以锻炼宝宝的手指灵活性和手眼脑协调性。还可以换用小西红柿、小土豆和蚕豆等来做此游戏。

八、情商启迪

情商游戏

1. 交朋友

目的：锻炼宝宝的社会交往能力。

方法：妈妈带宝宝到户外游戏时，抱着宝宝和别的母亲抱着的宝宝相互接触，让宝宝看一看或者摸一摸别的宝宝，或在别人面前表演一下宝宝的新技能，再或者观看别家宝宝的本领。也可让宝宝和其他同龄小朋友在铺有垫子的地上互相追随爬着玩、抓、推滚着的小皮球玩，或者和年龄大些的宝宝一起玩耍。看他是否更喜欢和较大年龄的宝宝一起游戏。

2. 用表情表示

目的：通过游戏，使宝宝感受情绪体验。

方法：给宝宝提供一种玩具或物品玩，过一段时间后，再拿一些新玩具放在宝宝面前，若宝宝丢下原来手中的玩具，想要新的玩具时，再把原来玩的玩具拿给宝宝，观察宝宝的表情反应。

3. 寻找玩具

目的：体验被赞赏的乐趣。

方法：成人拿出杯子和小丸放在桌子上，然后，再将小丸扣到杯子下面。宝宝在旁边关注着整个过程，他能够知道掀开杯子找到里面的小丸。当宝宝找到小丸时，成人要给予积极的鼓励："宝宝真棒""宝宝真聪明"等，并表现出兴奋的表情，让宝宝体会找到小丸的乐趣，并愿意主动去找。

九、玩具推介

要给9个月的宝宝选择一些带鲜艳图画的书和卡片，宝宝通过认识图中的事物提高认知能力和记忆能力。这个时期的宝宝能掀开小杯，寻找杯子里面扣着的玩具，而且宝宝拇食指捏的能力也提升了，所以要给宝宝选择一些稍微小点儿的玩具，比如花生米、小糖豆等，小玩具尽量选择可食用的物品，以免宝宝误食发生危险。

十、问题解答

1. 宝宝吃饭时下手抓是怎么回事?

有的宝宝在吃饭的时候,总喜欢下手抓,用手去抓着吃。还有的宝宝特别愿意把手指插入到菜盘子里或饭碗里,用手去抓捏米饭。其实,这并不是他不想好好吃饭的表现,因为,他同时可能正把嘴张得大大的等待着你喂他呢。实际上,他只是在试验一下食物的感觉,也可以说是一种探索行为。所以你不必阻止他。但是,如果他想把托盘掀翻,那就要稳稳地把盘子按住。如果他坚持要掀,你可以暂时把盘子拿开,或者结束喂饭。

2. 夜间宝宝不让把尿怎么办?

膀胱里有尿不舒服,睡眠轻的宝宝可能会醒来,妈妈习惯这时把尿,宝宝也能很快把尿排出来,放下又睡了,这是很好的。然而并不是每次把尿都如此顺利,妈妈把尿,宝宝不但不顺利排尿,还表示反抗,不让妈妈把,或哭闹,或打挺。这都是正常的表现,妈妈没有必要着急,也不必想不通。

冬天把宝宝从温暖的被窝中抱出来,宝宝是不满意的。宝宝睡得正香,不希望妈妈打扰他,他会自己把尿尿在尿布上,妈妈替他换了干爽的尿布,马上又会进入深睡眠状态。妈妈不要总是按照自己的想法护理宝宝,应该时时刻刻想到宝宝是怎样感受的。

3. 宝宝9个月了还不会爬怎么办?

这个月的宝宝基本上会用四肢向前爬了,但是有的宝宝可能会有这样的表现:

（1）不会用四肢向前爬，而是用肚子匍匐向前。

（2）不会向前爬，而是向后退。

（3）不是爬，而是向前拱，先把腿收起来，屁股翘起，上身再向前一拱，就向前进了。无论是哪种动作，都说明宝宝有向前爬的欲望，但四肢还不能协调运动。在成人的帮助下，慢慢会协调的，这都不能算运动能力发育落后，更不能认为宝宝是笨的表现。有的宝宝到了10个月才会爬。尽管如此，成人还是要帮助、鼓励宝宝学习爬，因为爬对促进宝宝的大脑发育是很有益处的。

4. 宝宝"能力倒退"怎么办?

宝宝能力暂时的倒退，常常令父母不安。原来总是顺利地把大便排在便盆中，可现在不灵了；原来已经不怎么用尿布了，可近来，总是要洗很多的尿布；原来扶着床栏杆能站着，可现在一站起来就摔倒……

其实，说能力倒退不确切，因为，表面上看是能力倒退，实质上不是的。宝宝本来还不具备控制大小便能力，成人是根据宝宝在排便前的外在表现分析出宝宝可能要排便，就顺势接在了便盆里。如果成人的判断失误了，或宝宝这时不服从指挥了，就会失败，这不是宝宝能力的倒退。

这个月的宝宝已经不满足扶着栏杆站着了，有向前走的愿望，可这个月的宝宝还不会自己向前迈步，当宝宝试图向前迈步时就会摔倒，宝宝的身体向前，腿却不会向前迈步，重心倾斜，肯定会摔倒的。这不是能力倒退，是在增长新的能力。所以，成人不要一遇到疑惑，就认为是宝宝能力倒退了，如果宝宝没有疾病，怎么会倒退呢。

5. 宝宝用手指抠嘴怎么办?

宝宝手的活动能力比上个月灵活了,会把手指头伸到嘴里抠;乳牙萌出时,宝宝会感到轻微的不适,宝宝有了支配手指的能力,嘴里不舒服,就会用手指去抠。

当宝宝把手指伸得很深,抠到上腭时,会引起干呕,甚至把吃进去的奶吐出来。这会令父母很不安。当宝宝用手抠嘴或由此而引起干呕,甚至呕吐时,父母不应该有类似这样的言辞:"这个宝宝怎么有这坏毛病!""不要抠了!看把奶都吐出来了吧。""再抠,就打你的手!"宝宝看到父母的严肃表情,听到如此严厉的语气,可能会吓得哭起来,但并不能奏效。

这么大的宝宝还听不懂道理,但会看脸色、听语气。当宝宝抠嘴时,如果父母把宝宝的手拿出来,表现出不高兴的样子,这就足够了。如果父母要给宝宝讲道理,也要和颜悦色的,尽管不能收到很好的效果,但是利用这样的机会,让宝宝开始认识什么是让妈妈生气的事情,"不好"和"好"的概念会慢慢地灌输给宝宝。不能超越宝宝所能接受的程度,以爱为前提,对宝宝进行必要的约束是应该的。

6. 宝宝不出牙怎么办?

到了这个月,有的宝宝已经萌出4颗乳牙了。出牙早的可以萌出6颗。有的宝宝只萌出2颗。但仍然会有为数不少的宝宝,快到9个月了,一颗乳牙也没有萌出。

父母看到周围同龄宝宝已经出了几颗牙,甚至比自己宝宝小的也开始长牙了,会很着急。周围的人多会建议给宝宝补钙,有的医生也会这样告诉父母:宝宝可能缺钙。

宝宝的乳牙早在胎儿期就长出了牙根,只是还没破床(牙龈)而出;乳牙的萌出是早晚的事。出生后不久就开始正规补充鱼肝油、钙;奶吃得很好；发育也很正常；看过牙科医生，没有发现异常情况。如果是这样，完全不必担心。过量补充鱼肝油和钙剂，对乳牙萌出没有任何帮助，反而造成维生素A或维生素D过量，甚至中毒。过多的服用钙剂会使宝宝大便干燥；最严重的是造成肝、脑、肾等软组织钙化。1岁以后才出牙的宝宝也是有的。为了长牙，给宝宝补充过量的钙和鱼肝油是错误的。

7. 宝宝小腿发弯怎么办?

随着月龄的增长，宝宝小腿也长了，开始会站立片刻。这时，父母可能会发现宝宝小腿发弯，这让父母很着急，这不成了罗圈腿吗?急着抱到医院。

有的医生可能会给您开张X射线申请单，拍照胫腓骨片，顺便了解一下骨骼发育情况，是否有佝偻病。经验不足的医生可能会说缺钙，开点钙剂了事。有的医生还会让宝宝做更多的检查。

这么大的宝宝小腿发弯是正常的(当然医生能看出弯的程度是否在正常范围)。父母尽管放心，可以继续训练宝宝站立，还可以帮助宝宝向前迈几步。但时间不要太长，一天2～3次，一次几分钟就可以。

10个月的宝宝

一、发展综述

宝宝从10个月开始学习站立，开始学习走路，大多数宝宝这时已能自己扶着东西站立，能扶着家具移动，发育快的宝宝甚至能独站一会儿。宝宝能从俯卧位扶着床栏坐起，能牵着一只手很好地走，并能扶着推车向前或转弯走。宝宝们坐得很稳，能主动地由坐位改为俯卧位，或由俯卧位改为坐位。将玩具扔掉后，自己能蹲下拾起来。手的动作灵活性明显提高，会使用拇指和食指捏起小的东西，能推开较轻的门，拉开抽屉，或把杯子里的水倒出来，能脱掉帽子，自己捧杯水喝。能试着拿笔并在纸上乱涂，有的宝宝还会搭积木。

部分宝宝开始学会有意识地称呼爸爸妈妈，能够模仿成人说些简单的词，能掌握用词的意思。如成人嘱咐宝宝不要动什么东西或者去做什么，宝宝能够听懂。

10个月的宝宝开始上饭桌同成人一起吃饭，但仍然要保证喝足够的奶。这时的宝宝喜欢去有小朋友的地方，喜欢同人交往。对玩具开始有自己的喜好，自己喜欢的玩具会反复去拿，如果喜欢的玩具放在很远的地方，宝宝会主动爬到远处去找玩具。如果爸爸妈妈背对着宝宝，宝宝会叫爸爸妈妈或者拉成人的衣服。见到陌生人，宝宝会表现出害羞。

二、身心特点

（一）体格发育

1. 身长标准

男童平均身长为73.6厘米，正常范围是71.0～76.3厘米。

女童平均身长为71.8厘米，正常范围是69.0～74.5厘米。

2. 体重标准

男童平均体重为9.5千克，正常范围是8.6～10.6千克。

女童平均体重为8.9千克，正常范围是7.9～9.9千克。

3. 头围标准

男童平均头围为45.8厘米，正常范围是44.4～47.2厘米。

女童平均头围为44.3厘米，正常范围是43.1～45.5厘米。

4. 胸围标准

男童平均胸围为45.5厘米，正常范围是43.5～47.5厘米。

女童平均胸围为44.5厘米，正常范围是42.7～46.3厘米。

（二）心理发展

1. 大运动的发展

10个月的宝宝扶着成人的一只手可以站起来，从站姿可以坐下。逐渐从扶行到独走一两步。这个时期的宝宝能够自己推开门。

2. 精细动作的发展

10个月的宝宝可以将物品放进容器，再拿出来。能够打开套杯盖，再练习盖上，虽然盖得不十分好，但已经有意识。

3. 语言能力的发展

10个月的宝宝更加喜欢模仿成人说话的声音。可以听懂成人的简单指令，如"来！来！"，或"再见"等，还可以明白"爸爸呢？""妈妈在哪？"等问题。

4. 认知能力的发展

这个时期的宝宝可以用食指表示1岁。能够一边翻书页一边看图、看字等。还可以掀开盒盖，寻找盒内的东西。

5. 自理能力的发展

这个时期的宝宝能够独立捧杯子喝水。便盆坐得很好。穿脱衣服时能主动配合。

三、科学喂养

（一）营养需求

这个月宝宝的营养需求没有特别大的变化，仍然要丰富饮食，以增加营养素的摄入量。但是要注意，宝宝的食量并不是随月龄增加而增加的。在宝宝的成长过程中，有时宝宝的食量会有一段时间稳定状态，所以千万不要用成人的想法来硬喂孩子，否则宝宝容易积食，反倒影响了吃饭。

此时，多数宝宝已经长出了几颗乳牙，咀嚼比较熟练，食量也逐渐增大，此时母乳或奶粉已经无法满足宝宝所需要的全部营养。如果宝宝对咀嚼食物产生兴趣，并且一次的辅食量可以达到2/3婴儿碗的话，就可以进入后期辅食阶段了。从这个月起，辅食将正式成为主食，而母乳或奶粉则成为辅助性食品。

（二）喂养技巧

1.增加食物品种

给宝宝添加辅食时，要增加食物品种，注意营养的均衡。食物过于单一，会使宝宝缺少相应的营养成分，给成长发育带来不良影响。每餐两种以上的食物，既营养丰富，又色彩诱人。每餐至少要在下面四类食品中选两种。

（1）淀粉：米粥、面条、红薯、燕麦片粥、面包粥等。

（2）蛋白质：鸡蛋、鹌鹑蛋、鸡肉、鱼肉、豆腐、豆类等。

（3）蔬菜水果：白菜、胡萝卜、黄瓜、番茄、茄子、洋葱、苹果、橘子、桃、梨等。

（4）油脂类：宝宝用乳酪、植物油、黄油等。

2.变换食物形态

此时的宝宝基本具有咀嚼能力，也喜欢上咀嚼，食物的形态要随之有所变化。如稀米粥过渡到稠米粥或软饭；面糊过渡到挂面、面包；肉泥过渡到碎肉；菜泥过渡到碎菜。

3.辅食制作技巧

（1）凡是成人经常食用的天然食品都可以拿来制作辅食，只是要做得碎软一点。也可以将宝宝的主食和成人的一起做，但注意"清淡饮食，少盐少调料"，最后分出来稍微加工一下。

（2）辅食要合理搭配，注意营养结构。最好每餐都有肉类、蔬菜、水果，主食是稠粥、挂面等，品种不要单一。

（3）可以把宝宝放在有靠背有护栏带桌子的椅子上，与成人一起吃饭，营造一种吃饭的氛围，培养好的饮食习惯。同时，成人要对某种食物表示出赞赏的态度，能让宝宝喜欢上吃饭。

（4）每天喂3次辅食，鼓励宝宝自己用勺子吃饭或吃"手抓饭"，即使此时宝宝还因不熟练而将食物撒得到处都是，成人应理解并表现出足够的耐心。除了早晚喂奶，其他时间最好不要喂，每日奶量为600～800毫升。

（5）注意：因为宝宝哭闹而增加母乳喂养次数容易使宝宝形成依赖心理，不利于辅食的添加。晚上睡觉前的一顿奶，宝宝能吃多少就让他吃多少，但有时也被硬"塞"，不然凌晨宝宝会饿醒。如果宝宝因为贪恋母乳而影响吃辅食，那妈妈一定要为了宝宝的营养着想，努力想办法逐渐少喂母乳或者断奶，想方设法制作"色、香、味"俱全的辅食让宝宝吃。宝宝吃多吃少均可，按他的需要来，不要盲目认为吃得多就是身体健康，只要宝宝精神好，每日摄入的总量无明显变化，体重继续增加即可。当宝宝对添加的食物作出古怪表情时，成人一定要耐心，有时宝宝对一种新口味得接触十几次才能接受。

（6）点心可以作为辅食之间的零食，但量不要太多，也不要选择油腻的、糖分高的食品，如巧克力、奶油蛋糕之类的。吃完点心后要记得喝水，以清洁口腔。临睡前绝对不要给宝宝吃点心，否则会导致龋齿、肠胃障碍等。

4. 注意事项

★不同情况不同对待

爱吃牛奶的宝宝仍然保证他每天摄入充足的奶制品，但仍应注意每天摄入量不应多于800毫升。不爱吃牛奶的宝宝，要多吃些肉蛋类食品，以补充蛋白质。

不爱吃蔬菜的宝宝，要适当多吃些水果，但也不能用水果完全替代蔬菜。此时宝宝已经能吃整个的水果了，没有必要再榨成果汁、果泥。把水果皮削掉，用勺刮或切成小片、小块，直接吃就可以。

★**丰富辅食品种**

这个月的宝宝能吃的辅食种类增多了，能吃一些固体食物，咀嚼、吞咽功能都增强了，有的宝宝可以吃成人饭菜，妈妈会感觉轻松些了。无论如何，宝宝都能吃进去所需的食物，妈妈不必担心宝宝吃得少。种类多了，一样吃一点，加起来就不少了，出现营养不良的可能性太小了。如果妈妈总是严格按照婴儿食谱做，可能会遇到很多困难。

（三）宝宝餐桌

1. 一日食谱参照

（1）**主食**：母乳及其他（牛奶、烂面条、软米饭、馄饨、包子等）。

餐次及用量：

母乳或牛奶220毫升：上午7：00；晚上9：00。

稠粥／软米饭2/3碗（1碗250毫升），鱼末、碎菜、豆腐1/3碗：上午12：00。

馄饨／面条2/3碗（1碗250毫升），肉末、碎菜1/3碗：下午6：00。

（2）**辅食**：

①蒸鸡蛋羹：上午9：00。

②水果，配饼干、馒头片等点心：下午3：00。

③各种鲜榨果汁、温开水等，任选1种：120克／日。

④浓缩鱼肝油：3滴／次，2次／日。

2. 巧手妈妈做美食

> **豌豆鸡脯粥**：豌豆10克，鸡脯肉20克，饭小半碗，水大半杯。豌豆洗净，开水烫熟，沥水。鸡脯肉去油脂和血管后，剁碎，入锅炒

成半熟。再加入米饭，倒入豌豆，搅拌均匀，加水煮沸。待锅中米粒化开后，再稍煮片刻即可。

奶油土豆泥：半个土豆，母乳或牛奶2大勺，宝宝用乳酪1/3块。土豆洗净、切块、煮熟、碾成泥状。将母乳或牛奶倒入土豆泥，搅拌均匀。再将乳酪切成0.5厘米见方的小块，放入土豆泥，搅拌均匀，即可食用。可以随意做成喜欢的形状。

鸡蛋羹：鸡蛋1个，打碎、搅匀。加入蛋液量一半的水，蒸5~8分钟即成。

蘑菇炖豆腐：豆腐1/3块，蘑菇20克，肉汤适量。豆腐和蘑菇分别洗净、切成小块。将肉汤煮开，放入豆腐块和蘑菇块，煮熟，再加入少许香油即可。

面包牛奶粥：面包除去硬皮，掰成极小块，与牛奶一起煮沸，稍温即可喂给宝宝吃。

四、护理保健

（一）护理要点

1. 吃喝

★ 离乳期的母乳喂养原则

宝宝9个月以后，母乳量和其中的营养物质逐渐不能满足宝宝的需求了，还要不要喂母乳呢？

如果母乳量充足，就不要轻易断奶。此时母乳中虽然蛋白质成分少了一些，微量元素少了一些，但仍然比牛奶要好。而且，从宝宝心理来看，哺乳也是满足宝宝情感需求和建立安全、亲密的母子关系的一种特别好的方式。

此时需注意的是：由于添加辅食，吃母乳的时间和次数少了，就会影响乳汁的分泌。所以，如果宝宝不能按时吃的话，妈妈也一定不要忘记挤奶，否则奶水会迅速减少。

最好的方法是：9个月以后妈妈哺乳的次数逐渐减少，辅食逐渐增加，并过渡到临睡前给宝宝喂饱后，夜间不再给宝宝喂奶。多数宝宝半夜易醒，醒了就要吃奶，最好还是喂母乳。

★宝宝老抢碗勺怎么办

这个月的宝宝特别调皮，就连吃饭的时候都不老实，总是去抢妈妈手里的碗和勺子，有时还会把饭撒得满地、满身都是。好像就是要和妈妈展开一场"拉锯战"似的。妈妈总是要问：折腾了半天，也不知他吃饱了没有？对于这样的宝宝有没有办法让他好好吃饭呢？

（1）切忌：即使宝宝不好好吃饭，爸爸妈妈也不要用玩具转移宝宝对"碗勺"的注意力。虽然宝宝的兴趣暂时被玩具吸引，但容易造成"积食"。因为宝宝还没有反应过来是否吃饱，就已经被"塞"完了食物。而且，长此以往容易让宝宝养成做事三心二意的坏习惯。

（2）给宝宝模仿学吃饭的机会。不如给宝宝准备一副不容易摔坏的碗勺，喂饭时盛点食物给他，让他学着您的样子抓勺，往嘴里送饭。

（3）找"人"作陪。把宝宝喜欢的卡通玩具请到桌边，给宝宝喂一口，给玩具"喂"一口。

2.拉撒

本月宝宝的尿便护理没有太大变化，仍然注意不要给宝宝勤把尿。除此，观察宝宝排便前的特殊表现，建立宝宝的排便习惯。需注意的是：从本月开始，可以尝试训练宝宝良好的大便习惯。如，每天早晨起床后，可以让宝宝坐会儿便盆，并用"嗯嗯"的声音，促使宝宝建立定时大便的条件反射。

3. 其他

★宝宝学走路啦，怎么护理小脚丫呢

有的宝宝大动作发育得快，9个多月就有强烈的要走路的欲望，此时应该注意些什么呢？

（1）及时给宝宝修剪脚指甲。因为宝宝刚学走路时，很多时候都是脚尖着地，如果脚指甲太长，容易碰伤脚趾盖。

（2）给宝宝挑选一双合适的小鞋。千万不要因为图方便给宝宝买双"大鞋"，这样非常不利宝宝的脚部健康，也会影响宝宝学走路。选鞋应注意，以鞋比宝宝的小脚丫大半厘米为宜，这样脚趾能在鞋里有足够的活动空间，又能保护小脚丫；以软底、软面、透气为宜，可以及时让宝宝的脚汗挥发出去。

（3）每天坚持给宝宝洗脚。因为，同成年人相比，小孩子的脚更爱出汗。因为在宝宝相对少得多的皮肤面积上，却分布着与成年人同样多的汗腺。潮湿的环境利于真菌生存，为了能够消灭脚部真菌，宝宝的脚更需要很好地护理：水温稍热即可，每次3~5分钟，还可以顺便给宝宝做个足底按摩。

（二）保健要点

1. 免疫接种

本月宝宝没有需要接种的疫苗。

2. 如果向后推迟了某种疫苗接种，以后的接种是否推迟

如果向后推迟了某种疫苗接种，以后的接种可顺延向后推迟，但只需向后推迟那个被推迟的疫苗，其他疫苗可继续按照接种时间进行接种。

如果和某种疫苗碰到一起了，是否能同时接种，预防接种医生会根据相碰的疫苗的种类，判断是否可以同时接种，还是间隔一段时间，间隔多长时间，先接种哪一种，也由预防接种医生根据具体情况决定。

五、疾病预防

常见疾病

1. 哮喘

哮喘是一种慢性气道炎症性疾患，这种炎症使气管和支气管对各种刺激的反应性增强，气道易发生广泛阻塞。可发生在任何年龄，好发于4～5岁以前。

原因：

（1）内因。有遗传倾向的过敏体质。

（2）外因。带毛的动物，香烟雾，烟雾，被褥和枕头的灰尘，扫地飞扬的尘土，强烈的气味和气雾剂，树和花的花粉，天气的变化，感冒及跑步，运动和劳累。

表现：哮喘可以突然起病，也可有先兆，如鼻子发痒或连打喷嚏。典型的哮喘发作前常有咳三阵表现，即早晨、晚上、半夜醒来咳嗽。

（1）发作期表现：

①呼吸困难，以呼气困难为主并有哮鸣音，婴幼儿表现烦躁不安，大孩子则端坐呼吸，不能平卧，两手撑膝，两肩耸起头向前倾。

②咳嗽，咳痰。

③胸痛，发作较重或持续时间过长时出现。

④发作较重时有呕吐，大小便失禁，冷汗淋漓，面色苍白，唇发青。

（2）缓解期表现：少数患儿常有自觉胸部不适或有清晨干咳，但这种过敏体质的孩子，身上东痒西痒，喜抓头皮，搔背痒，晚上睡觉时易出汗，平时喜欢揉眼、挖鼻子，常莫名其妙打喷嚏，有的晕车，部分有头痛、头晕等症状。

治疗：因为起病突然，症状严重，患有哮喘病的孩子可在家庭进行紧急救治，但应注意：

（1）如果曾经有过急性危及生命的发作病史，在过去一年曾因哮喘住院有因哮喘而插管的病史，近期减少或停用皮质激素和不遵医嘱接受治疗的病人。在初始治疗后，应立刻与医生联系。

（2）如果出现以下征象要立即到医院就诊。

①快速缓解药物作用持续时间短或完全不能缓解病情,呼吸仍急促、困难。

②说话困难。

③嘴唇和指甲变灰或青紫。

④当患儿呼吸时鼻孔张大。

⑤当病人呼吸时肋间和颈部周围皮肤内陷。

⑥心跳或脉搏非常快。

⑦走路困难。

缓解期：在医生的指导下，应用吸入性肾上腺皮质类固醇。中医中药预防发作,还可选择性应用胸腺肽、灭活卡介苗、卡曼舒等增加免疫力。

预防：

（1）远离能诱发孩子哮喘发作的东西。

（2）按照医生的医嘱应用哮喘药物。

（3）每年去医院检查2~3次身体及用药情况，甚至在孩子感觉很好和没有呼吸方面问题时也要去。

六、运动健身

运动健身游戏

1. 小脚踩大脚

目的：训练宝宝的平衡和协调能力。

方法：成人先将宝宝的两只小脚放在成人的两只大脚上，扶着宝宝向前走和向后退。成人的步伐要小一些，脚不要离地太高。两人一边走一边有节奏地说儿歌："乖宝宝，学走路，一二三，迈大步，不怕黑，不怕摔。"在平日的生活中，当宝宝能够扶物走路时，成人可以用双手拉着宝宝练习向前走和向后退走。

2. 接球游戏

目的：锻炼宝宝蹲的能力，锻炼手眼协调能力。

方法：成人拿皮球在平整的地板上滚来滚去，引起宝宝的注意和兴趣。然后成人拿球在离宝宝不远的地方蹲下，鼓励宝宝蹲下，妈妈将球慢慢滚向宝宝，让宝宝用双手来接球。游戏反复进行。

3. 挎带走

目的：锻炼宝宝走路的平衡控制能力和耐力。

方法：用一根宽30厘米，长1米的布带子挎于宝宝前胸，并由两腋下背部绕出，妈妈牢牢抓握在手中，任宝宝蹒跚迈步四处走动。游戏过程中，妈妈要和宝宝有语言交流，同时增进母子情感。

特别提示：此游戏时间不宜过长，10分钟左右，走3米左右即刻休息。

4. 扶竹竿走

目的：练习走，发展宝宝的身体平衡能力。

方法：准备两根1米左右长的细竹竿，爸爸妈妈面对面，双手各握一根竹竿与宝宝手臂高矮一致，让宝宝站在妈妈的一方，双手各握住一根竹竿，爸爸用玩具逗引宝宝扶着竹竿走过来。如宝宝感兴趣，可以鼓励宝宝来回走几次或者增加竹竿的长度。

5. 拔河比赛

目的：增强宝宝肩、背、手和上身的力量。

方法：宝宝躺在柔软的床上，妈妈拿一条色彩鲜艳的纱巾，打上一个松松的疙瘩，让宝宝两手揪住疙瘩，妈妈拿着纱巾的一端把宝宝从床上拉起，然后再轻轻地放下去，这样不断地重复。在拉的过程中，妈妈念着"宝宝拉妈妈拉，一二一二宝宝笑哈哈"。

七、智慧乐园

益智游戏

1. 揉纸团

目的：训练宝宝的精细动作能力和触觉感知能力。

方法：成人先拿出一种颜色的柔软彩色皱纹纸，引导宝宝用两只小

215

手一起揉成纸团，放在篮子里；再依次拿出第二、第三和第四种颜色的皱纹纸，和宝宝一起揉成纸团后做游戏。可以将纸团当做球，滚出去，让宝宝爬着捡回来；或者将纸"球"扔出一段距离，抱着或扶着宝宝一起捡起来等。

> **特别提示：**通过使用不同颜色的纸张揉纸团，可以增加宝宝对游戏的兴趣，同时不同颜色的纸团也能增加宝宝对色彩认知的能力。

2. 认识物品

目的：培养宝宝的语言能力和认知能力。

方法：成人拿着闹钟对宝宝说："这是时钟，宝宝听一听，时钟在'嘀嗒、嘀嗒'地响，它会告诉我们现在是几点钟。"妈妈不要怕宝宝听不懂意思，关键是要说出来，宝宝就会很喜欢听的。在生活中，妈妈随时让宝宝认识生活环境中的各种用品，一边认物一边和宝宝说："这是桌子，宝宝的饭碗摆在桌子上；这是小凳子，宝宝坐着和妈妈玩；这是皮球，宝宝最喜欢皮球了，皮球有许多玩法"等等。经常用标准的语言告诉宝宝物品的名称和用途，能够很好地帮助宝宝发展他的语言能力和认知能力。

3. 放进拿出

目的：促进宝宝的手眼脑协调能力，同时增强其认知水平。

方法：成人把宝宝熟悉、喜欢的玩具一件一件地放进"百宝箱"里，边做边说"放进去"，然后再一件件地拿出来，边拿边说"拿出来"，让宝宝模仿。帮助宝宝理解放进去、拿出来的意思。成人还可以指令宝宝从一大堆玩具中挑出熟悉的一个，比如：让宝宝把布娃娃拿出来等等。

4. 玩套环

目的：训练宝宝的手眼脑协调能力和认知能力。

方法：把一支铅笔插进一块橡皮泥或一个硬纸盒里用透明胶带固定，做成一个套环用的柱子。用铁丝拧3个直径为10厘米的环，每个环用不同颜色的布缠好，再用针线固定一圈。给宝宝示范将环套在轴上，边套边数"1个、2个、3个"，套完后再一个个数着取出来。让宝宝模仿操作，成人在一旁给予指导，同时要不断给宝宝鼓励和表扬，以增加宝宝的自信心。

八、情商启迪

情商游戏

1. 拍手欢迎

目的：训练模仿能力，增进社交亲情关系。

方法：妈妈经常做一些动作吸引宝宝来模仿，如拍拍手、拍拍桌子、拍拍身体等等，可以拍自己也可以拍别人。如看见邻居和亲友，妈妈可以扶着宝宝的双手边拍边说："欢迎！欢迎！"看到电视里有高兴的场面，也可引导宝宝边拍手边说"欢迎"。反复练习，宝宝以后看到高兴的事就会自己鼓掌表示欢迎。

2. 抱娃娃

目的：引发宝宝对爱的情感。

方法：妈妈把娃娃抱在怀中，流露出对娃娃非常喜欢的情感，让宝宝感受对娃娃的喜爱之情，妈妈再作出爱娃娃的表情,比如亲亲娃娃、对娃娃微笑等等。当宝宝产生羡慕之情时，妈妈可以引导宝宝也来抱抱娃娃，体会抱娃娃的乐趣。

3. 找小球

目的：学会观察，培养模仿能力，学会解决问题的方法。

方法：在纸箱的上方开一个橡皮球大小的洞洞，再在纸箱下面一个角剪一个比乒乓球大一些的洞。成人先示范从纸箱上面的洞把乒乓球扔进去，摇动纸箱，让乒乓球从下面的洞里滚出来，同时说："出来啦！"再让宝宝自己动手，从纸箱上面的洞看球在哪儿，看纸箱下面哪儿亮就把箱子斜向哪边，乒乓球就会从小洞里滚出来。

九、玩具推介

10个月的宝宝具备了初级的思维能力，要给宝宝选择一些可探究的玩具，如有拉线的积木小车、套筒、669学具等。宝宝此时期的手眼协调能力也有很大的提高，可以操作要求准确度更高一些的玩具，比如打击乐器、锤击蛇、小木鱼、小鼓、小喇叭等。

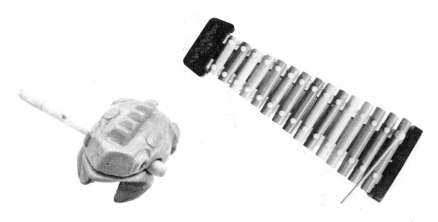

十、问题解答

1. 宝宝不会站立怎么办？

这个月宝宝不会站立的不多了，但也有的宝宝不会自己站起来。这不能说明宝宝的运动能力差，如果宝宝正赶上冬季，穿得很多，运动不灵活，可能就不会自己站起来。如果是老人或保姆帮助看护，对宝宝缺乏训练，运动能力可能就相对落后，不过经过训练会慢慢赶上的。如果不但不会站立，就连独自坐也很晚，那么就要做进一步检查了。

2. 怎样对付宝宝的哭闹？

宝宝的妈妈说：宝宝马上要10个月了，最近发现他似乎长了许多脾气，要是一不如他的意愿，就马上咧开嘴使劲地哭，有时候也会莫名其妙地大哭大闹，这么大的宝宝，在他哭闹时，是应该马上去安抚，还是让他明白，不是哭就能解决一切问题的呢？

其实，10个月的宝宝，还不能运用语言来表达自己的情绪，哭就是他用来表达自己情绪情感或需求的方式之一。一般来说，宝宝不会莫名其妙地大哭，成人首先要搞清楚宝宝为什么哭？是饿了？渴了？哪儿不舒服了？还是想要人跟他玩了？还是有什么需求？对九个月的宝宝"说教"并不是好办法，冷处理也不是最佳策略。最好的办法是静下心来，不能性急，微笑着、耐心地等待着宝宝边哭边稳定自己的情绪。母亲安定温柔的姿态会使宝宝的哇哇大哭减少。接着要弄清楚原因，然后教育宝宝，哭不能解决问题。如果宝宝仍旧哭个不停，可以冷处理，让他明白哭没用之后，他自然就会安静下来。

3. 为什么宝宝把喂到嘴里的饭菜吐出来?

这个月的宝宝自我意识强了。小宝宝大多是妈妈给什么吃什么,随着宝宝的不断生长,个性越来越明显了,在饮食方面有了自己的选择,爱吃的就会很喜欢吃,不爱吃的就会把它吐出来,这是很正常的反应。如果宝宝是很理性地把饭菜吐出来,而不是呕吐,也没有什么异常情况,多是表示不喜欢吃,或不想吃(不饿、吃饱了都会这样)。这不是疾病症状,是宝宝在表明自己的态度,如果宝宝把喂进去的饭菜吐出来,父母就不要再喂了。

4. 宝宝白天不睡觉怎么办?

这个月的宝宝一般白天能睡两觉,午前睡1~2个小时,午后可能会睡2~3个小时。但是白天不睡觉的情况并非没有,有的宝宝白天精神很大,一天都不眨眼,玩得很开心,一点倦意也没有,晚上却睡得很早,从晚上7~8点可以一直睡到早晨8~9点而且睡眠质量好,深睡眠时间相对较长。白天尽管不睡觉,睡眠时间也足够了。况且生长发育也正常,父母千万不要为这样的宝宝白天不睡觉而焦虑。顺其自然吧,他会是个精力旺盛的宝宝。

5. 怎样训练宝宝排便?

有的妈妈常会抱怨:"这宝宝就是气人,怎么把也不尿,可一放下,哗!就尿起来了。"还有的妈妈会这样说:"从4个月,宝宝就很识把,一把准尿。一天用不上几块尿布,从6个月就能坐便盆排便了。可是,快10个月了,却倒退了,不但不识把,还不让把,一把尿就打挺、弓腰,把尿盆也踢翻了。让坐便盆就更难了,就是不坐!"

几个月前,宝宝没有这么大的"能耐",也就不会出现这样的"倒退",

宝宝长大了，有了自己的选择。从现在开始学习排大小便，虽然路还很长，在父母的帮助下，会最终学会控制大小便的，妈妈不必着急，2岁以后大小便都会控制得很好。妈妈要求几个月的宝宝就会控制大小便，会嚷嚷着要尿尿、拉屎，这是不现实的。

6. 宝宝头发稀怎么办？

宝宝出生时头发黑亮浓密，可慢慢的，头发变稀黄了，父母担心是营养不良或缺乏什么微量元素了。

宝宝出生时的发质与妈妈孕期的营养有很大的关系。出生后，宝宝发质与自身的营养关系密切了。如果出生后营养不足，头发会变得稀疏发黄，缺乏光泽，缺锌、缺钙也会使发质变差。但是，现在的宝宝，真正由于营养不良引起的发质差的很少见。

发质的好坏，除了与营养有关外，还与遗传有关，如果父母或直系亲属中有发质很差的，会遗传给宝宝，即使出生时头发很黑，也可能会慢慢变黄。

是否是营养不良所致，可以从发质上初步判断。虽然发黄，但是有光泽，比较柔顺，就不是营养不良。营养不良的发质，不但发黄，发稀，还缺乏光泽，杂乱无章地竖着。

11个月的宝宝

11 GE YUE DE BAOBAO

一、发展综述

11个月的宝宝口头表达能力有了突飞猛进的发展,大部分的宝宝都会称呼"爸爸""妈妈",有的宝宝还会称呼"爷爷""奶奶"。宝宝还会把语言和表情结合起来,发出高兴的声音时表情也很愉快,发出不开心的声音时表情也很悲伤。如果做了错事被批评时,宝宝会难过地哭泣;被表扬时,宝宝会开心地笑。

宝宝的运动能力也进一步增强。大部分宝宝已经可以被稳稳地牵手走了,坐着时轻轻推宝宝也不会倒下,学会了自己用手脱去鞋袜,而不是用脚把鞋袜蹬掉。宝宝还会用手指表示自己的年龄,会伸出食指表明自己1岁了。能用拇指及食指较灵活地夹取东西,还会自己盖上喝水用的塑料杯盖。

宝宝开始喜欢颜色鲜艳、形状各异的玩具,喜欢摆动玩具。

这一阶段,是锻炼宝宝牙龈的宝贵时间。在1岁前后是饮食习惯最易养成的时期,爱吃什么味道一般都是在这一时期形成,终生难改。所以这一时期要吃些烤馒头、磨牙棒等让宝宝咀嚼,促进牙龈长得结实,有利于长牙。

二、身心特点

（一）体格发育

1. 身长标准

男童平均身长为74.9厘米，正常范围是72.2～77.5厘米。

女童平均身长为73.1厘米，正常范围是70.3～75.9厘米。

2. 体重标准

男童平均体重为9.9千克，正常范围是8.9～10.9千克。

女童平均体重为9.2千克，正常范围是8.2～10.3千克。

3. 头围标准

男童平均头围为46.0厘米，正常范围是45.0～47.0厘米。

女童平均头围为45.0厘米，正常范围是43.8～46.2厘米。

4. 胸围标准

男童平均胸围为45.6厘米，正常范围是43.6～47.6厘米。

女童平均胸围为44.7厘米，正常范围是42.8～46.6厘米。

（二）心理发展

1. 大运动的发展

11个月的宝宝爬行自如，可以翻越障碍。自己扶着栏杆能够蹲下。成人牵着宝宝一只手能走几步。能将脚下的球踢开。

2. 精细动作的发展

11个月的宝宝会用手势表示需要，能用手握笔在纸上乱涂乱画，将书打开又合上，能够将盖子盖上或打开。

3. 语言能力的发展

11个月的宝宝可以模仿单音节词，用一个音表示要求。有时会装着会说话的样子，模仿成人的语气，说出一连串莫名其妙的话。

4. 认知能力的发展

这个时期的宝宝能够指出图画中有特点的部分，能够辨认物体的颜色和大小。能够模仿推玩具小车等活动。

5. 自理能力的发展

这个时期的宝宝能够熟练地使用勺子，自己吃完半餐饭，可以培养良好的进餐习惯。大小便自己知道坐便盆。

三、科学喂养

（一）营养需求

宝宝快1岁了，逐渐进入了"断奶期"。所谓断奶并不是不让宝宝吃任何乳品，而是让乳品特别是母乳不再成为宝宝的主食。作为补充钙质和其他营养成分的食品，还是要每天让宝宝饮用奶类食物，且奶量不低于每天500毫升。食物制作上可以花样多一点，且品种丰富，以提供给宝宝奶类以外所必备的营养素。断奶后，谷类食品成为宝宝的主食和主要热量来源，同时要合理搭配动物性食品和蔬菜、水果、豆制品等，还要注意补充水分。

即使宝宝适应辅食的速度较慢，也不要强行减少哺乳量，增加辅食量。揠苗助长是行不通的，可以过完周岁后再来调节母乳和辅食的数量。

（二）喂养技巧

1. 宝宝饮食

宝宝饮食的个性化差异越来越明显。有些宝宝食量不小，能吃一小碗米饭，而有的就只吃几小勺。有的爱吃菜，能大口大口地吃；而有的一见菜就扭过头去。有的很爱吃肉，一顿能吃一个小鸡腿；有的还是不吃固体食物，一吃就噎着或干呕，只爱吃半流食。有的还是能咕咚咕咚喝牛奶；有的则开始不喜欢奶瓶了，爱用杯子喝奶；有的还是恋着妈妈的奶，尽管总是吸空奶头，也乐此不疲。这些差异都是婴儿的正常表现，还有很多差异就不一一提及了。

2. 喂养问题

★ 喂养的原则

第一，有目的性。面对宝宝喂养问题，无论宝宝有怎样的表现，最主要的是要抓住一个目标，即喂养要保证婴儿正常的生长发育，包括体重、身高、头围、肌肉、骨骼、皮肤等要素，保持在正常指标范围内，这样的喂养就是成功的喂养。第二，尊重个性。在保证婴儿正常生长发育的前提下，尊重婴儿的个性和好恶，让婴儿快乐进食。

★ 防止肥胖儿

如果宝宝平均每天体重增长超过30克，要适当限制食量，多吃蔬菜水果，吃饭前或喝奶前先喝些淡果汁。食量大的宝宝控制饮食量是比较困难的，只能从饮食结构上调整，少吃主食，多吃蔬菜水果，多喝水，是控制体重的好办法。但也要保证蛋白质的摄入，所以不能控制奶和蛋肉的摄入。

★ 相信宝宝"吃"的能力

怕宝宝不会吃，总是把饭菜做得烂烂的、软软的、碎碎的，这是很保守的喂养方法。宝宝的能力是需要锻炼的，应该给宝宝创造锻炼的机会。父母不要主观认为宝宝不能，应该给宝宝机会，让宝宝试一试。父母应该放手给宝宝更多的信任和机会，让宝宝自己拿勺吃饭，让宝宝自己抱着杯子喝奶，拿着奶瓶喝奶。这不但锻炼了宝宝的独立生活能力，还提高了宝宝吃饭的兴趣，有了兴趣就能刺激食欲。

3. 注意事项

★理解宝宝的饮食行为

宝宝还小，无法用语言来表达自己的饮食喜爱和需求，但细心的父母应该通过仔细观察宝宝的行为和表情动作等来理解孩子。比如，这么大的宝宝一般都有强烈的"自己吃"的欲望，如果允许他们自己动手，能激发他们吃饭的兴趣；成人尚且还有食欲不佳的时候，况且孩子。有时宝宝们没睡够、玩得太兴奋，都会影响他们的饭量，这时应尊重宝宝的意思，能吃多少吃多少，千万不要哄或骗他们吃，否则特别容易吃多而造成积食；到了炎夏，宝宝的食欲一般都会减退些，成人应多给宝宝准备些清淡、消暑的食品；如果宝宝看到实物就扭过头或闭紧嘴巴，并且有坐不住的表现，那就说明他已经吃饱了，即使妈妈认为宝宝只吃了一点点；和父母同桌吃饭，是宝宝最高兴的事情，不要怕宝宝捣乱。

★不需要断母乳

如果此时母乳还比较充足，就继续哺乳。不要担心母乳质量下降而引起宝宝营养不良，毕竟除了母乳，宝宝还会吃到营养丰富的其他食物。母乳不好的，只要不影响宝宝对其他食物的摄入，也不必停掉，吃母乳毕竟是婴儿最幸福的事情。如果夜间母乳能让宝宝不啼哭，能让醒来的宝宝很快入睡，就继续使用这个"武器"，不要怕别人说"惯坏孩子"。

★断母乳的情况

如果出现以下三种情况或有不宜再吃母乳的医学指征，就可彻底断母乳。

（1）除了母乳，宝宝什么也不吃，严重影响宝宝的营养摄入。

（2）严重影响了母子的睡眠，一晚上总是频繁要奶吃。

（3）母乳很少，但宝宝就是恋母乳，饿得哭哭啼啼，可就是固执地不吃其他食物。

（三）宝宝餐桌

1. 一日食谱参照

（1）**主食**：母乳及其他（牛奶、稠粥、菜肉粥、面条、馄饨、包子等）。
餐次及用量：

母乳或牛奶220毫升：上午7：00；晚上9：00。

稠粥、菜肉粥、软米饭3/4碗（1碗250毫升），鱼末、碎菜、豆腐1/3碗：上午12：00。

馄饨/面条3/4碗（1碗250毫升），肉末、肝、血、碎菜1/3碗，下午6：00。

（2）**辅食**：

①蒸鸡蛋羹：上午9：00。

②水果，配饼干、馒头片等点心：下午3：00。

③水、果汁等，任选1种：120克/日。

④浓缩鱼肝油：3滴/次，2次/日。

2. 巧手妈妈做美食

红薯饭：红薯30克，鱼肉20克，蔬菜少许，米饭2/3碗，水2～3大勺。红薯去皮切成0.5厘米见方的块状，煮熟，加水碾成糊状。鱼肉去刺，用热水烫过。蔬菜洗净，切末。将饭倒入小锅中，再将红薯泥、鱼肉及碎菜放入，一起煮熟即可。

荷包蛋：鸡蛋1个，肉汤1小碗，盐少许。把肉汤倒入锅中加热后放少许盐，并改为文火。把鸡蛋整个打入肉汤中，煮至蛋黄成固体即可。可在鸡蛋半熟时撒上碎菜同煮。

土豆肉饼：肉末2大匙，熟土豆泥1大匙，西红柿1片，盐、植物油少许。将肉末与土豆泥混合，并放入少许盐及植物油，搅拌均匀，做成一个肉饼。将肉饼放入烧热的油锅，用文火煎至两面成焦黄色，放入盘中，将西红柿片放在上面即可。

茄泥：小茄子半个，香油、盐少量。茄子切成块状，煮熟后碾成泥。放凉后放入盐及香油拌匀即可。

四、护理保健

（一）护理要点

1. 吃喝

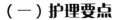

★制订断母乳计划

此时宝宝的消化能力和咀嚼能力大大提高，如果您的宝宝饮食已经有一定规律，而且饮食的种类也比较丰富和均衡，营养供给能满足身体生长发育的需要，便可以考虑逐步给宝宝断奶了。因为此时母乳里的成分已经无法供应孩子所有的营养需求。

（1）断奶时机的选择，选择在春、秋、冬三季天气凉爽时进行。

（2）断奶必须在宝宝身体健康的状态下进行，如果身体不适或者刚好生病，就应顺延断奶时间。

（3）应采用"自然断奶法"。每天逐渐减少哺喂的时间和次数，直到奶水逐渐变少、逐渐停止。宝宝也会逐渐降低对母乳的需求和留恋。

（4）如果母乳充足，而且宝宝对断奶反应强烈，也可以考虑到再大些再断奶。随着宝宝长大，慢慢地对母乳的需求也就减少了。

（5）对于大些的宝宝，比如1岁半左右时，可以利用宝宝的同情心断奶。告诉他："妈妈的奶头生病了，如果您吃的话妈妈很痛，您帮妈妈一起给奶头涂些药（糖浆）吧！"这样宝宝会自我克制帮助自己顺利断奶。

★哺乳妈妈感冒发烧还能喂奶吗

爸爸妈妈整日辛苦地工作，还得细心照顾小宝宝，多数妈妈夜里也无法好好休息，总得惊醒几次给宝宝盖盖被子，喂宝宝吃奶。长此以往，难免体力不佳，抵抗力下降，得个伤风感冒类的疾病。那么，如果妈妈生病发烧了，还能给宝宝喂奶吗？

（1）如果没有任何咳嗽、流鼻涕等感冒症状，发烧也不超过38.5℃，那么可以大量饮水降温，在家观察一下。但给宝宝喂奶的时候仍需洗手、洗脸并戴上一次性口罩。

（2）最好到医院做个血常规检查，让大夫诊断到底是病毒性感冒还是细菌性感冒。如果是病毒性感冒，那最好暂停给宝宝喂母乳，可以喂奶粉。如果大夫开了抗病毒和消炎药，那妈妈一定要问清楚暂停母乳喂养得多长时间，什么情况下可以恢复喂奶。同时，还要按宝宝吃奶的时间点准时挤奶，以免奶水憋回去。

（3）由于妈妈生病，体力下降，肯定会影响泌乳量。所以，生病期间，妈妈一定要注意补充能下奶的汤汤水水，以保证病好后宝宝还有充足的"口粮"。

2. 拉撒

10 ~ 11个月宝宝的尿便护理没有太多变化，仍然需爸爸妈妈耐心、细致地观察宝宝和护理宝宝，给宝宝养成良好的尿便规律和习惯。

3. 其他

★ 乳牙的护理

所有的妈妈都希望自己的宝宝有一口健康美丽的牙齿。但怎样护理才对呢？

（1）乳牙萌出时：爸爸妈妈可以给宝宝啃咬安全的磨牙胶环或磨牙棒，以减轻宝宝的不适，并帮助宝宝固齿。另外，还可以在宝宝出牙时给他做脸部按摩，放松脸部肌肉，也可起到较好的效果。

特别提示： 宝宝乳牙长得稀疏是正常情况，这是为恒牙的萌出留出空间。所以爸爸妈妈无需担心"宝宝的牙怎么长得像玉米粒一样稀稀拉拉的"。

（2）乳牙萌出后：注意每次给宝宝吃过辅食，尤其是喝过果汁等甜饮料后，都应给宝宝喝些白开水漱口；每天两次，用消毒的硅胶手指婴儿牙刷给宝宝轻轻地刷牙，并按摩牙床，每天两次。

（3）夜间护牙：如果宝宝夜间喝的是母乳，那么无需再用清水漱口。国外儿科专家指出，尽管母乳也是甜的，但乳牙长时间浸泡在母乳里却不会被蛀坏。因为母乳可抑制细菌在牙齿上繁殖，防止牙齿腐烂；除此，母乳中还含有宝宝生长发育所需的钙质，这也是吃母乳的宝宝为什么不会过早蛀牙的原因。但如果宝宝喝的是配方奶，则需注意，给宝宝冲奶粉的同时，也应另外准备好一瓶温开水。以便宝宝喝奶后能再喝几口白开水漱漱口；如已养成喝奶时睡着的习惯，一定要纠正，比如将奶换成水试试。

（二）保健要点

1. 免疫接种

10~11个月的宝宝，没有需要接种的疫苗。

2. 刚一接种完疫苗宝宝就病了，是否影响免疫效果，需要补种吗

这种情况可能会降低免疫效果，但不会因此而丧失了免疫效果，不需要补种。

3. 刚接种完疫苗就吃药了，是否需要补种

一般会有影响，但不需要补种。

五、疾病预防

常见疾病

麻疹和幼儿急疹都是婴幼儿时期最常见的出疹性疾病，有很强的传染性，除了做好护理、预防和治疗工作，防止传染、做好隔离也是十分重要的。

1. 麻疹

麻疹是麻疹病毒引起的急性出疹性疾病，具有高度传染性，临床上以发热、咳嗽、流涕、结膜炎、口腔出现粘膜斑以及全身斑丘疹为特征。我国自1965年普遍接种麻疹减毒活疫苗以来，已经控制了麻疹的流行。

原因：病原菌为麻疹病毒，麻疹患者为唯一传染源，病毒存在于患儿的眼结膜、鼻、口咽及气管分泌物中，通过喷嚏、咳嗽和说话由飞沫传播。

表现：大多数麻疹病例发生在6个月~2岁。典型麻疹分四期：

（1）潜伏期：接触麻疹病毒后10～14天。

（2）前驱期：有低中度发热、干咳、鼻炎和结膜炎。结膜炎又见有眼睑水肿，眼泪多，畏光——麻相。颊黏膜可见有灰白色小点，外有红色晕圈——科氏斑（麻疹黏膜斑）。

（3）出疹期：体温突然升高至40℃～40.5℃，皮肤出现红色斑丘疹，疹间皮肤正常，由耳后、颈部沿发际边缘开始，24小时遍及面部、躯干和上肢，第三天下肢和足部，此期可合并肺炎。

（4）恢复期：出疹3～4天后，皮疹开始消退，消退顺序同出疹顺序。退疹后皮肤有糠麸状脱屑及棕色素沉着。

患儿30%可出现并发症，常见有喉炎、支气管炎、肺炎、耳部感染、眼部感染。

护理：

（1）卧床休息，避免风吹和阳光直射。

（2）房间内保持温度18℃～20℃，湿度55％左右，空气新鲜流通。

（3）给予易消化、含有丰富营养的食物。

（4）多饮水。

（5）保持皮肤和黏膜清洁。

（6）在医生指导下应用退热药物。

（7）如果①体温39℃～40℃持续两天以上。②咳嗽频繁剧烈，有痰或有犬吠样咳嗽。③呼吸困难。④面色苍白或昏迷。⑤嗜睡，昏迷。⑥皮疹出而骤退则需送医院住院治疗。

预防：预防接种麻疹减毒活疫苗。

2. 幼儿急疹

婴幼儿时期常见的出疹的发热性疾病。特征是发热3～4日，热退后，周身出现红疹。

原因：本病是一种病毒感染。

表现：起病很急，体温骤升，大多为39℃～41℃。高热持续3~5日自然骤降。发热期间，一般情况良好，体温虽高，精神情绪好，与一般高温不同，这是本病特征之一。

热退疹出，这是本病的又一特点。疹为不规则的、小型的玫瑰斑点或斑丘疹，直径2～3毫米，周围有浅色红晕，压之退色。疹出1~2日全部退尽。

防治：对症治疗为主，多喝水、多休息。

在集体机构中，与患儿接触过的婴幼儿，在10日内应注意一般情况，如果发生高热，予以暂时隔离。

六、运动健身

运动健身游戏

1. 抠一抠，捡一捡

目的：宝宝会扶墙站、走，扶墙下蹲取物。

方法：成人提前用即时贴制作一些小花和小星星，粘贴在墙壁上。

成人放音乐欣赏歌曲《小星星》，同时引导宝宝注意贴满小星星的墙壁，拉宝宝的手走过去抠一抠，然后引导宝宝扶墙边走边抠；鼓励宝宝把抠下来的星星贴到成人的身上，贴到宝宝自己的身上。成人可以几次有意将星星"掉"到地上，让宝宝扶墙蹲下捡起来再粘贴到宝宝想粘贴的地方。

2. 亲子律动

目的：增强宝宝身体平衡控制能力，使站立更稳。

方法：妈妈选择一些适合宝宝年龄段的配乐儿歌。在听音乐和儿歌的同时用手扶着宝宝的两只胳膊，妈妈协助宝宝一起随音乐、歌词节奏身体左右摇摆。这样和宝宝一起游戏一段时间后，再播放音乐时，宝宝就会主动地有肢体运动意识。

3. 大龙球

目的：强化宝宝的前庭刺激，稳定情绪，协调身体平衡能力。

方法：对于第一次或者很少接触过大龙球的宝宝来说，成人可以先让宝宝摸一摸、踢一踢大龙球，或将宝宝放在垫子上，让球从宝宝的身上滚过慢慢熟悉。当宝宝对大龙球没有陌生感或产生兴趣时，成人用双手抱着宝宝的腋下，让宝宝俯卧在距墙2米左右处的大龙球上，妈妈双手扶着宝宝的腋下，前后滚动大龙球，让大龙球和宝宝一起游戏。

4. 扶物取物

目的：锻炼身体的控制能力。

方法：

（1）扶物坐下取物：让宝宝双手扶着小床栏杆站立，这时成人用玩具逗引宝宝用一只手去拿玩具，另一只手扶着栏杆，然后把玩具慢慢放到床面上让宝宝去够。当宝宝够不着时，就会慢慢松开扶栏杆的手，另一只手取玩具坐下玩。当宝宝取到玩具后要给予鼓励，亲亲宝宝，让宝宝感到成功后的喜悦。

（2）扶物蹲下取物：成人将宝宝放在木栏小床上，将一件木偶举至宝宝面前，逗引宝宝看的同时，将木偶沿其身体慢慢移在床边，鼓励并启发宝宝一手抓扶栏杆，一边慢慢弯腰蹲下抓取木偶。

5. 抓物站

目的：锻炼站的平衡能力。

方法：成人用一根0.5米竹竿，引导宝宝抓握竹竿站立。其间成人可在宝宝身体站稳后，放松握竿的力量，促其独站。

七、智慧乐园

益智游戏

1. 都是"灯"

目的：运用词的概括作用发展思维，提高对言语的理解能力。

方法：教宝宝认识各种各样的灯，让宝宝知道灯的大小、形状、颜色、所在位置都是不一样的。如：车灯、路灯、台灯、吊灯、壁灯、红灯、绿灯、日光灯等等。不论指哪盏灯，都可以说："这是灯。"并将灯打开再关上，使宝宝了解灯的共同特点。训练一段时间后，成人再问宝宝："灯呢？"启发宝宝指出所有的灯。以此类推，成人还可以教宝宝理解"球""鞋子"等词的意义。

2. 听数数

目的：熟悉数字大小的顺序，为发展数概念做准备。

方法：在成人抱着宝宝上下楼梯或扶着他学走路时，成人可以有节奏地从1数到10，数数给宝宝听；也可在宝宝玩积木时，帮宝宝给积木排队数数。每天至少数数3次给宝宝听，让宝宝逐渐熟悉数目的顺序，并让宝宝模仿成人唱数数字。成人要注意，这时只是给宝宝提供一个数数的环境，说话早的宝宝能模仿说"1、2、3"，说话晚的宝宝可能还不能模仿。

3. 用棍子够玩具

目的：理解物体与物体之间的关系，初步尝试使用"工具"。

方法：成人在和宝宝玩滚皮球的游戏时，成人可以故意将皮球滚到宝宝能看到但用手够不着的地方，然后成人给宝宝一根细长的纸棍，观察宝宝会不会利用棍子够到玩具，如果成人给宝宝示范，宝宝就会模仿。不过，成人不要苛求宝宝能准确地把玩具取出来，只要宝宝能用棍子碰到玩具就是成功。

4. 打开盖子

目的：训练宝宝的观察力和手眼协调能力。

方法：把装几块积木的碗放在宝宝面前，引导宝宝将积木从碗里取出。成人再拿出有盖的杯子，杯子里面同样装有积木，再引导宝宝用手去打开盖子，同时鼓励宝宝说："宝宝自己动手，打开盖子。"当宝宝打开盖子后，成人引导宝宝观察并取出杯中的积木，再鼓励宝宝将盖子盖上，并且盖好。开始时，成人要辅助宝宝完成动作，并鼓励宝宝进行多次练习。

八、情商启迪

情商游戏

1. 表情示范

目的：让宝宝关注表情，加深他对"不"的理解。

方法：当宝宝执意要做某件不能或不安全的事情时，成人不要着急或采取粗暴的态度对待所发生的一切，此时，成人要用生气的表情告诉宝宝："宝宝，你再不听话，我要生气了。"说完后表情严肃并转过身故意不理他。

2. 一起玩

目的：培养宝宝的交往能力，能与小伙伴交朋友，一起游戏。

方法：成人平时要经常带宝宝到户外活动，让宝宝喜欢和小伙伴在一起游戏。找出相同的玩具同小伙伴一起玩，培养宝宝愉快的情绪。成人可以引导宝宝各拿一个玩具或各拉一个玩具车，让宝宝同小伙伴互相学习、互相模仿，但不能侵犯，促进宝宝同小伙伴密切友好的关系。

3. 动作示范

目的：通过大动作告诉宝宝"不"的表示意思，逐渐学习用动作表达愿望。

方法：成人对不适宜宝宝接触的事和物品要给予制止。当宝宝把手指放在嘴里时，成人要立刻去拿开他的手，同时告诉他说："宝宝，不要把小手放在嘴里，手上有小虫子，吃到肚里会生病。"每发现一次都要及时制止，让宝宝逐步"知道"手不能放在嘴里的意思。

九、玩具推介

由于此时期的宝宝具备了初级的思维能力，因此其玩玩具的花样也逐渐增加。这时可以将宝宝曾经玩过的具备多种玩法的玩具提供给他，如各种球类、餐具、小汽车、小动物、套筒等。宝宝的认知能力也逐渐提升，能够分辨大的和小的物品，所以也要给宝宝选择更多大小不同的玩具和各种彩色图片，比如颜色卡片、动物卡片、日常生活用品卡片等。

十、问题解答

1. 如何让宝宝爱吃菜？

（1）到了这个月，大多数宝宝能够吃炒菜或炖菜了，蔬菜罐头最好不要再给宝宝吃了。

（2）如果宝宝连炒菜、炖菜也不爱吃，还可做蔬菜馄饨、饺子、丸子等。

（3）一定要鼓励宝宝吃蔬菜，哪怕少一些。有的妈妈说，她的宝宝就喜欢吃米饭加酱油再加香油，一点菜也不吃，这就是妈妈的问题了。爱吃米饭和酱油、香油，是宝宝告诉妈妈的吗?肯定不是的，妈妈起初就不能这样配餐。

（4）宝宝的一些好恶，有的是自己个性所致，有的就是父母潜移默化的引导。一些喂养上的问题，有的就是来源于父母，而不是宝宝本身的问题。不爱吃菜的宝宝有，父母总是能想出办法让宝宝吃的，哪怕是一口。吃得少，可以多吃些水果补充维生素，但不能就此一点也不给吃。

2. 宝宝不喝奶瓶好不好？

如果到了这个月，宝宝不爱喝奶瓶了，倒不是什么坏事。宝宝已经开始一天吃两三次饭菜，喝两三次奶了。用奶瓶喝奶，父母比较省事，但容易养成宝宝吃着奶瓶睡觉的习惯，影响牙齿发育。不喝奶瓶，可以用小杯喂奶，只要宝宝愿意，妈妈就此取消奶瓶，也未尝不可。

3. 宝宝不吃固体食物怎么办？

宝宝尽管没有牙齿，但早在四五个月时，有的宝宝就能吃固体食物了，如饼干(磨牙棒)、面包片，但有的宝宝连半固体食物也不能吃。在吃固体食物方面，宝宝间存在着很大的差异。有的宝宝不但会把固体食物嚼碎，还能吞咽下去；有的宝宝能把固体食物嚼碎，但不能吞咽下去，不是吐出来，就是被噎着，或呛得咳嗽。

让宝宝吃固体食物，能加快乳牙萌出。有这样的事实，吃固体食物早的宝宝，乳牙萌出时间相对早。到了这个月仍不能吃固体食物的很少。如果成人总是怕宝宝噎着、呛着，不敢大胆地给宝宝吃固体食物，宝宝就没有锻炼的机会。因此，宝宝仍不吃固体食物，恐怕大多是因为成人不敢这么做。

4. 宝宝爱出汗怎么办？

随着宝宝的增长，汗腺发达了，活动量增多，宝宝越来越爱出汗了，吃饭、睡觉、活动时，总是汗津津的，尤其天气热的时候，更是这样。

把爱出汗的宝宝视为异常；爱出汗的宝宝就是缺钙；看到别的宝宝不像自己宝宝那样爱出汗，就认为自己的宝宝是不正常的。这样的认识都是不正确的。对于爱出汗的宝宝，妈妈不要给宝宝穿得过多，睡觉时，也不要盖得过厚。

5. 如何观察宝宝情绪，确定与宝宝的最佳交流时间？

为了更好地与宝宝交流，首先，年轻父母应寻求一切可能的方式，如与宝宝说话，告诉他你在做什么，你的感受，而不管他是否听得懂；唱简单的儿歌、讲故事，观察他的反应；向他提问，激发他说话的欲望；抱着他在阳光充足的地方散步并不时地讲述周围的环境等等。其次，应寻找合适的时间。对于宝宝来说，一天有几种意识状态，当你发现宝宝仔细地、安静地盯着你看的时候，有时有的宝宝还会发出细软的喉音，这就是与他交流的最好时间。

12 个月的宝宝

一、发展综述

这个年龄的宝宝大部分都学会独自行走了，能站得很稳，弯腰后能平衡地恢复站立的姿势。精细动作进一步发展，开始拿笔涂鸦；能把硬币投进存钱盒；能为大小不同的空瓶子配上相配的瓶盖。

1岁的宝宝记忆有了显著的发展，并主要表现在社会性的认知上。宝宝从人的整体上区分熟悉人和陌生人。开始模仿成人的行为，模仿就是以记忆为基础的行为，只有记住了才能模仿。这时期，宝宝喜欢模仿成人做家务事，模仿成人或小朋友的行为，这是宝宝提高认知水平的大好时期。通过模仿让宝宝提高认知水平。这时宝宝喜欢边做动作边表演儿歌。

宝宝的语言能力也大有进步，能讲三四个字左右有意义的话，宝宝对言语的理解和词语表达能力开始相互联系，作为开始真正掌握语言的标志就更明显了。例如，妈妈说"宝宝来吃饭"，宝宝就会边走边说"吃饭"。爸爸说"我们出去玩"，宝宝就会高兴地找帽子找外套。

宝宝表达情绪和愿望的方式也渐渐增多，开始不以哭来表达需要。会找出其他的办法来表达需要，表明宝宝的社会适应能力提高了。

二、身心·特点

（一）体格发育

1. 身长标准

男童平均身长为76.1厘米，正常范围是73.4～78.8厘米。

女童平均身长为74.3厘米，正常范围是71.5～77.1厘米。

2. 体重标准

男童平均体重为10.2千克，正常范围是9.1～11.3千克。

女童平均体重为9.5千克，正常范围是8.5～10.6千克。

3. 头围标准

男童平均头围为46.5厘米，正常范围是45.2～47.8厘米。

女童平均头围为45.4厘米，正常范围是44.2～46.6厘米。

4. 胸围标准

男童平均胸围为46.3厘米，正常范围是44.4～48.2厘米。

女童平均胸围为45.2厘米，正常范围是43.3～47.1厘米。

（二）心理发展

1. 大运动的发展

12个月大的宝宝能够独自站立，并且可以独走几步，弯腰能再站起来。有蹦跳的动作出现。

2. 精细动作的发展

12个月的宝宝手部动作控制力更强，可以用笔在纸上画出清晰的笔印，会翻书。能用两块积木搭高。

3. 语言能力的发展

12个月的宝宝主动发音的几率增多，能清晰地发出大部分音节。能记住经常听的儿歌、故事等，知道妈妈什么地方念得不对。

4. 认知能力的发展

这个时期的宝宝可以学习认识红颜色，可以模仿画点和线。宝宝看见铅笔、橡皮等知道用。走到自己家门口或者熟悉的地方可以用手指。

5. 自理能力的发展

这个时期的宝宝能够控制自己的大小便，有稍微的等待。能上桌子同成人一起吃饭。学会摘掉帽子和戴上帽子。

三、科学喂养

（一）营养需求

蛋白质、脂肪、碳水化合物为人体提供了最主要的能量，因此被称为"三大营养素"。蛋白质是构成人体组织、器官的主要物质，是酶、抗体和某些激素的主要成分；脂肪参与了人体内所有细胞的界面膜的构成，可以提高免疫功能；碳水化合物是人体热能的主要来源，最容易被人体吸收。宝宝正处于生长发育的高峰期，不仅需要获得足够的营养素，还需要科学地调配三者之间的比例。碳水化合物应占总能量来源的50％～60％，主要的食物来源是米、面、精制谷类等。脂肪应占30％～35％，来源于肉类、蛋、植物油等。蛋白质占12％～15％，主要来自瘦肉、鱼、虾、蛋、奶制品、豆制品等。

宝宝的饮食以一日三餐为主，早晚牛奶为辅，食物依然需要制作得细、软、清淡一点。每个宝宝的身体状况和喂养情况不同，所以断奶的时间也不同。一些宝宝还没有断奶，父母也不要过于着急，可以再延长一段喂奶的时间，最晚不要超过18个月。保证蛋白质和水果的搭配，蔬菜和水果搭配，注意营养均衡。如果正处于春天或秋凉季节，可以考虑断奶。

此时期的宝宝极具探索欲，对周围的事物充满了好奇，并开始对食物的色彩和形状感兴趣。一个外形像小兔子的糖包就比一个普通的糖包更能引起宝宝的食欲。因此，应使食物外表看起来美观、有趣，以便吸引宝宝。

（二）喂养技巧

1. 营养补充

★豆制品

豆制品虽然含有丰富的蛋白质，但主要是粗质蛋白，宝宝对粗质蛋白的吸收利用能力差，吃多了，会加重肾脏负担，最好一天不超过50克豆制品。

★断乳但不断奶制品

宝宝快1岁了，结束以乳类为主食的时期，开始逐渐向正常饮食过渡，但这并不等于断奶。即使不吃母乳了，每天也应该喝牛奶或奶粉。每天能保证500毫升牛奶，对宝宝的健康是非常有益的。

★高蛋白不可替代谷物

为了让宝宝吃进更多的蛋肉、蔬菜、水果和奶，就不给宝宝吃粮食，这种做法是错误的。宝宝需要热量维持运动，粮食能够直接提供宝宝所必需的热量，而用蛋肉奶提供热量，需要一个转换过程。在转换过程中，会产生一些不需要的物质，不但增加体内代谢负担，还可能产生一些对身体有害的废物。

★不偏食

不偏废任何一种食物，是最好的喂养方式和饮食习惯。这就是合理的膳食结构，什么都吃是最好的。这个月龄的宝宝如果只是靠奶类供应蛋白质，会影响铁及其他一些矿物质的吸收利用。动物蛋白和油脂食物是吸收铁及其他一些矿物质及维生素(脂溶性维生素，如维生素A)的载体，如果只喝奶，就会导致贫血，一些矿物质和维生素的吸收、利用，也会受到阻碍。

★额外补充维生素

宝宝1岁了，户外活动多了，也开始吃正常饮食了，是否就不需要补充鱼肝油了呢?不是的，仍应该额外补充，只是量有所减少，每日补充维生素A600国际单位，维生素D200国际单位。不爱吃蔬菜和水果的宝宝，维生素可能会缺乏，粮食、奶和蛋肉中也含有维生素，但是由于烹饪关系，维生素C被大量破坏。生吃水果可以补充维生素C，如果宝宝不爱吃水果，要补充维生素C片。

2. 断乳建议

一些妈妈准备在宝宝1岁以后就断掉母乳，所以从现在开始就有意减少母乳的喂养次数，如果宝宝不主动要，就尽量不给宝宝吃了。其实对于断奶比较困难的宝宝，妈妈不必介意非得什么时候给宝宝断奶。等待一段时间，等宝宝再大些，有时很多宝宝会自己断奶了，开始把依恋转移到别的事情上，到时断奶就是自然而然的事情，何必现在那么痛苦，煎熬孩子也煎熬妈妈。所以并不是说到了1岁以后就要马上断乳，如果不影响宝宝对其他饮食的摄入，也不影响宝宝睡觉，妈妈还有奶水，母乳喂养可延续到1岁半。

3. 注意事项

★断乳前后宝宝饮食如何衔接

有的妈妈认为断乳了，就一点也不能给宝宝吃了。其实，如果服用维生素B6回奶，可继续哺乳，出现乳房胀痛时，可以让宝宝帮助吸吮，能很快缓解妈妈的乳胀，以免形成乳核。

断奶并不意味着就不喝牛奶了。牛奶需要一直喝下去，即使过渡到正常饮食，1岁半以内的宝宝，每天也应该喝300～500毫升牛奶。所以，这个月的宝宝每天还应该喝500～600毫升的牛奶。

最省事的喂养方式是每日三餐都和成人一起吃，加两次牛奶，可能的话，加两次点心、水果，如果没有这样的时间，就把水果放在三餐主食以后。有母乳的，可在晚睡前、夜间醒来时喂奶，尽量不在三餐前后喂，以免影响进餐。

★ 果蔬选择方法

这个月宝宝可吃的蔬菜种类增多了，除了刺激性大的蔬菜，如辣椒、辣萝卜，基本上都能吃，只是要注意烹饪方法，尽量不给宝宝吃油炸的菜肴。随着季节吃时令蔬菜是比较好的，尤其是在北方，反季菜都是大棚菜，营养价值不如大地菜。最好也随着季节吃时令水果，但柿子、黑枣等不宜给宝宝吃。

（三）宝宝餐桌

1. 一日食谱参照

（1）主食：

母乳及其他（牛奶、面包干、馒头片、面包片、稀烂粥、菜泥、面片、面条、蛋泥、蛋羹、鱼肉、豆腐脑等）。

餐次及用量：

母乳：上午6：00、晚上10：00。

面包干、馒头片加稀烂粥，加碎菜1～2汤匙：上午10：00。

面片、面条加肉末、肉汤：下午2：00。

稠粥加蛋泥、蛋羹、鱼肉，或豆腐脑加鱼松：下午6：00。

（2）辅食：

①水、果汁、鲜水果泥等，120克／次：下午2：00。

②浓缩鱼肝油：2次／日，3滴／次。

2. 巧手妈妈做美食

蛋饺：鸡蛋1个，鸡肉末1大匙，青菜末1大匙，盐、植物油少量。在平底锅内放少许植物油，油热后，把鸡肉末和青菜末放入锅内炒，并放入少许盐，炒熟后倒出。将鸡蛋液搅拌均匀，平底锅内放少许油，摊成圆片状。半熟时，将炒好的鸡肉和青菜倒在鸡蛋的一侧，将另一侧折向对侧重合，即成蛋饺。

酿黄瓜：6～7厘米长黄瓜两段，肉末2小匙，淀粉、盐少许。把黄瓜中间的瓤挖出、切碎与肉末混合，放入少许盐调匀成馅，填入两段黄瓜中，放在容器内上锅蒸15～20分钟即可。

蛋包饭：米饭1小碗，胡萝卜末、葱头末、碎番茄各2小匙，鸡蛋半个，植物油、盐少许。鸡蛋打散、搅匀后放平底锅内摊成薄片，拿出备用。将胡萝卜末、葱头末用少许油炒熟，放入米饭和番茄，加少许盐炒匀。将混合好的米饭平摊在蛋皮上，卷成长条状，然后切成一段段的小卷。

燕麦片粥：燕麦片50克，牛奶250克，白糖少量。将燕麦片和牛奶放入锅内，搅拌均匀，文火烧至微开，不断搅拌，待食物变稠即可出锅。加入白糖，搅拌均匀，待温可食。

247

四、护理保健

（一）护理要点

1.吃喝

★辅食开始变主食

快1岁时大多数宝宝都已长牙，并开始学站学走，身体的免疫力也开始逐渐建立，其大脑、身体的发育会更加快速，此时，宝宝需要更多、更丰富的营养。而此时母乳已无法保证营养的质和量，尤其是钙、磷、铁即各种维生素和微量元素的含量，都已满足不了宝宝的健康需求。所以，从现在起，开始要逐步转变到以"辅食变为主食，母乳为辅"的阶段。

★断奶不是不喝奶

大多数宝宝在1岁左右断母乳。但断奶并不是不喝奶，宝宝仍应每天喝500～800毫升的配方奶，才能保证他每天的营养需求。因为，此时宝宝的胃肠道还不能完全消化、吸收奶类以外的其他食物，如主食、肉、菜、水果等。所以，宝宝周岁以后仍要保留每日至少喝两次奶的习惯（早晨起床1次，晚上临睡1次），一是给宝宝增加水分；二是可以给宝宝补充好吸收的钙、蛋白质等必需的营养物质。

★妈妈怎样才能看懂宝宝的胃

很多爸爸妈妈时常困惑：怎么我感觉宝宝很饿的时候，他却不想吃饭？每当我感觉他应该已经吃饱时，可他好像还没有吃饱？那么，怎么才能判断宝宝有没有吃饱？

首先，爸爸妈妈一定要相信自己的宝宝。他虽然还小、还不会说话，但他一定知道自己什么时候需要吃，什么时候不需要吃。

其次，爸爸妈妈可以尝试发现宝宝以下行为表现：吃饭过程中开始三心二意了，给他喂饭他却扭头，甚至开始拒绝张口；把勺子、碗推开，将食物含在嘴里，总不下咽；把食物吐出来，拼命想从小餐椅上逃出去；开始哭闹、打挺；吃了一餐以后看看是不是可以坚持至少3个小时。如果宝宝出现上述情况之一，说明他在提示爸爸妈妈：宝宝已经吃饱了，别喂我了，否则我得减肥啦！

2. 睡眠

★宝宝偶尔晚睡没关系

快1岁的宝宝差不多午睡两三个小时，白天不再需要打小瞌睡啦！此时，宝宝的日平均睡眠时间为12 ~ 16小时，但睡眠的时间个体差异性很大，因此，爸爸妈妈不必要非得让宝宝睡够所谓的标准时间。有的宝宝睡眠质量好，因此少睡些也没有关系。但需要注意的一点，每一个人都不是百分百的有规律性，再有规律的宝宝也有打破规律的时候。比如，宝宝一向都晚上9点睡，但如果偶尔有几天都十一二点睡也很正常。因此，宝宝不困就不必逼他睡觉，否则宝宝不愿意，不断抗议，爸爸妈妈也辛苦，还容易养成宝宝不哄不睡觉的坏习惯。不如您也"放纵"一次，陪他玩累了，他自然就睡了。

（二）保健要点

1. 健康检查

本月如果宝宝的各项检查结果依旧正常，那么宝宝的体检将变成每半年一次。

2. 免疫接种

满1岁的宝宝应接种乙脑减毒疫苗。

3. 预防接种证有什么用

预防接种证是宝宝免疫接种的记录凭证，每个宝宝都应按国家规定办证并接受预防接种。宝宝出生后，家长或者监护人应当及时向医疗保健机构申请办理预防接种证，托幼机构、学校在办理入托、入学手续时应当查验预防接种证，未按规定接种的宝宝应当及时安排补种。家长或监护人要妥善保管好接种证并按规定的免疫程序、时间到指定的接种点接受疫苗接种。如宝宝未完成规定的免疫接种，因故迁移、外出、寄居外地，可凭接种证在迁移后的新居或寄居所在地计划免疫接种门诊(点)继续完成规定的疫苗接种。当宝宝的基础免疫与加强免疫全部完成后，家长应保管好接种证，以备宝宝入托、入学、入伍或出入境查验。

五、疾病预防

常见疾病

小宝宝处于添加辅食，或者饮食转换时期，胃肠道面临着喂养方法、饮食变化的挑战。胃肠道要适应这些变化，就会出现调整过程中的紊乱。腹泻等症状就是这种紊乱的反应。婴儿腹泻是小儿常见四大疾病之一，列为我国儿童重点防治的疾病。

1. 婴幼儿腹泻

婴幼儿腹泻是一种常见疾病，在发展中国家腹泻的发病率很高，是造成儿童营养不良、生长发育障碍以及死亡的重要原因之一。根据世界卫生组织统计，在发展中国家，每个儿童一般每年要患2~3次腹泻，甚至有些国家，平均每个儿童每年腹泻高达9次。因此预防和治疗腹泻是保护儿童健康，降低儿童死亡率的重要措施之一。

原因：婴幼儿易患腹泻与自身发育特点有关，与病原菌感染有关。

（1）婴幼儿消化系统功能发育不成熟，胃液酸度低，消化酶活性差，如果过多过早喂淀粉或脂肪类食物，容易引起消化功能紊乱。

（2）婴幼儿免疫功能不够成熟，这是新生儿、小婴儿容易感染革兰氏阴性菌如大肠杆菌的重要原因。所以年龄越小，肠道感染的易感性越大。

（3）人工喂养或混合喂养的婴儿，可以因食物或水的污染，如奶具不清洁，牛奶加温、消毒不够，增加了病从口入的机会。

（4）病原菌感染，细菌性以大肠杆菌为主，病毒性以轮状病毒为主。消化道外感染如中耳炎、咽炎、肺炎等可并发腹泻。

表现：

（1）腹泻：表现为每日3次以上不成形大便或水样便。急性起病者，每日多次水样便，无脓血，可伴呕吐和发热。伴有脓血便的腹泻是痢疾。病程迁延14日以上，就称为迁延性腹泻。

（2）脱水：腹泻会从大量稀便中丢失大量水分，脱水和电解质紊乱是腹泻引起死亡的主要原因。

治疗：

（1）治疗腹泻：世界卫生组织推荐治疗腹泻的三个基本原则：①无论何种原因引起的水样便腹泻，都要补充水分和电解质。②无论哪一种类型的腹泻，都要坚持继续喂养，以避免造成营养不良。③除细菌性痢疾，或者病原菌非常明确之外，不要服用抗菌素。

（2）治疗脱水：在家庭中使用口服补液的方法：

世界卫生组织推荐口服补液盐，口服补液盐的配方如下：每1000毫升水中加入3.5克氯化钠、2.9克枸橼酸钠、1.5克氯化钾、20克葡萄糖。随时喂给宝宝喝。

　　家庭还可以用米汤、面汤、酸奶、果汁甚至白开水，每1000毫升加细盐3.5克，口服补液使用。

　　（3）脱水酸中毒者，需要送医院治疗。

　　预防：脱水的治疗和继续喂养是为了降低腹泻的死亡率和营养不良的发生。但是最关键的应该是预防腹泻。预防腹泻要从以下几个方面入手：①大力提倡母乳喂养。②科学地添加辅食。③使用干净的饮用水，保证个人卫生。④饭前便后要洗手，母亲做饭前、给宝宝喂食前要洗手。⑤建立清洁卫生的厕所。⑥及时处理小儿粪便，保证卫生安全。⑦提高宝宝的免疫机能，按时完成计划免疫。

六、运动健身

运动健身游戏

1. 牵手走

目的：锻炼走的能力。

方法：在地板上铺席子或垫子，成人扶宝宝双手面对面站在上面，当宝宝站稳后，成人扶着宝宝双手向后慢慢退着走，边鼓励宝宝说儿歌"小宝宝真勇敢，一二一向前走"，在宝宝向前迈步时，成人慢慢放松一只手，试着宝宝用另一只手拉着成人的手也能向前迈出步子。

2. 宝宝健身操之一（单臂起坐运动、双臂起坐运动）

目的：训练胳膊、腰的肌肉力量。

方法：

（1）单臂起坐运动：宝宝仰卧，成人右手握住宝宝的左手腕，宝宝握住成人的拇指，成人左手按住宝宝的双膝。拉宝宝坐起，还原。再换另一侧。

（2）双臂起坐运动：宝宝仰卧，成人两手分别握住宝宝两只手腕，让宝宝握住成人的拇指。拉起宝宝双臂，继续拉宝宝坐起，放宝宝躺下，还原。

3. 宝宝健身操之二（拱形运动、弯腰运动）

目的：训练腰、腿部肌肉力量。

方法：

（1）拱形运动：宝宝仰卧，成人左手按住宝宝两脚踝部，右手托住宝宝腰部。托起腰部，使宝宝腰部挺起呈拱形，还原。

（2）弯腰运动：宝宝背向成人站立，成人左手扶住宝宝双膝，右手扶住宝宝腹部，在宝宝面前放一个他喜欢的玩具，让宝宝弯腰捡起，还原。

4. 宝宝健身操之三（拉腕起立运动、扶肘起立运动）

目的：训练手腕的力量、胳膊肌肉的力量。

方法：

（1）拉腕起立运动：宝宝俯卧，成人从背后握住宝宝手腕，同时让宝宝握住成人的大拇指。扶宝宝跪起，扶宝宝站起，扶宝宝跪下，还原。

（2）扶肘起立运动：宝宝俯卧，成人从背后握住宝宝两臂肘部。扶宝宝站起，放下还原。

5. 宝宝健身操之四（肩部运动、跳跃运动）

目的：训练上肢肩部肌肉力量，增强节奏感。

方法：

（1）肩部运动：宝宝仰卧，成人两手握住宝宝手腕，让宝宝握住成人拇指，将宝宝两臂放于体侧。将宝宝左臂拉到宝宝胸前，引导宝宝左臂向胸外上方环绕一周，放回胸前。放下左臂至体侧。左右臂轮流交替进行。

（2）跳跃运动：宝宝与成人面对面站立，成人双手扶宝宝腋下。提宝宝离开床面，还原。

宝宝健身操一至四节每天可做1~2次，饭后1小时左右进行，做完操后需要休息。

益智游戏

1. 恭喜、再见

目的：训练宝宝手的灵活性，提高语言能力，同时培养文明、礼貌行为。

方法：成人先示范"恭喜"的动作，双手握起来，上下运动，边做动作边对宝宝说："恭喜、恭喜，早晨（中午或晚上）好！恭喜、恭喜，宝宝好！"示范后成人引导宝宝模仿做动作，成人扶着宝宝的手指导宝宝做，同样边做边说儿歌。

成人示范"再见"的动作，用手摆动招手或小手反复抓握，边做动作边对宝宝说儿歌："摇摇手，摆摆手，摇摆小手到门口，再见、再见、宝宝走。"示范后成人引导宝宝模仿做动作，成人可扶着宝宝的小手指导宝宝做，边做边说儿歌。

2. 知道找开关

目的：使宝宝在好奇中自然建立一定程度的逻辑思维能力。

方法：成人在打开灯之前引导宝宝完成操作。成人对宝宝说："宝宝电灯不亮了，怎么办？开开电灯，好吗？来，我抱你去打开电灯开关。"成人扶着宝宝的小手示范几次按开关动作，之后可以指导宝宝自己按动开关。

3. 学翻书

目的：训练宝宝手指小肌肉运动，学习翻书动作，发展空间知觉。

方法：宝宝在成人的帮助下，边听《三字儿歌》录音边翻阅画册，然后成人再拿出《婴儿画报》等大开本带彩图、耐用的书，边讲边教宝宝翻书，每翻开一页书，成人要说："翻一页，再翻一页。"开始宝宝只能随意翻一页或几页书，并且还不理解正反顺序，要通过认识简单图形逐渐纠正。随着空间知觉的发展，宝宝逐渐会调整过来。

4. 认"红色"

目的：学习抽象概念，发展思维能力。

方法：

第一步：成人取一件宝宝喜爱的红色玩具，如红色积木，反复告诉宝宝："这块积木是红色的。"然后成人问宝宝："红色的，在哪里？"如果宝宝能很快地从几种不同的玩具中指出这块红色积木，成人一定要称赞宝宝。

第二步：成人再拿出另一个红色的玩具，如红色瓶盖。告诉宝宝："这也是红色的。"当宝宝表示疑惑时，妈妈再拿一块红布与红色积木及红色瓶盖放在一起，另一边放一块白布和一块黄色积木，告诉宝宝："这边都是红色的，那边都不是红色的。"（注意：不能说那边是白色的、黄色的）把宝宝的注意力集中到红色上。

第三步：把上述物品放在一起，要求宝宝把红色的拿出来。成人对宝宝说："把红色的拿给我。"观察宝宝能否把红色的都挑出来。如果只挑出那块红色积木，成人就说："还有红色的什么，宝宝再看看。"给宝宝一定提示，如用手指一指，让宝宝把红色的物品都找出来。

八、情商启迪

情商游戏

1. 小手捉迷藏

目的：训练宝宝手指的灵活性，并且增加亲子感情的交流。

方法：成人和宝宝做小手捉迷藏的游戏。成人先示范，边说儿歌边做动作。

儿　歌

爸爸夸，妈妈看，宝宝的小手真好看；（手指全部打开，手心向上，随儿歌节奏左右摆动）

爸爸找，妈妈寻，宝宝的小手看不见；（手指握拳，藏到背后）

爸爸妈妈都来看，宝宝的手指已出现。（小手从背后伸到前面，手指打开，手心向上）

示范后，成人扶着宝宝的小手指导宝宝模仿游戏，边说儿歌边做动作。

2. 模仿穿衣

目的：培养宝宝的自我管理能力。

方法：每天成人在给宝宝穿衣服时，要说做并行。穿袖子时就要说："宝宝，把你的手伸过来放在袖口旁边。"当宝宝的手放在袖口时，就说："宝宝，把手伸直。"等等。成人给宝宝准备一些玩具娃娃的衣服、鞋子、袜子、帽子等物品，协助宝宝一起给玩具娃娃穿衣，或者在每次宝宝穿好衣服后，就说："宝宝，娃娃还没穿衣服，你看，他多伤心呀，给他穿上衣服，好吗？"

3. 同小伙伴玩

目的：培养人际关系，建立分享的快乐情感。

方法：成人平时要多带宝宝到户外去活动，在培养宝宝和同龄小伙伴玩时，可以让每个宝宝手里拿着同样的玩具，如："娃娃""小汽车""皮球"等，虽然宝宝和小伙伴各玩各的玩具，如果玩具不同就会互相抢夺，但是小伙伴之间互相看得见，就会互相模仿，也可以两个或几个小伙伴相互推玩一个皮球，使宝宝体验到有伙伴的快乐。

九、玩具推介

12个月的宝宝可以做许多活动了，翻滚、爬行、站立、走路等，平衡能力也有所提升，所以应该给宝宝选择一些在地垫上玩的玩具，配合锻炼宝宝的大运动能力和精细动作能力。如彩虹接龙、过河石、体能环、六面画盒、669大学具等。这时期的宝宝手部控制能力也逐渐提升，可以给宝宝提供笔和纸，让宝宝练习点、画、涂鸦等。

十、问题解答

1.宝宝非疾病性厌食怎么办？

厌食指的是比较长时间的食欲减低或消失。引起厌食的主要因素如下：

（1）局部或全身疾病影响消化系统功能，使胃肠平滑肌的张力降低，消化液的分泌减少，酶的活动减低。

（2）由于中枢神经系统受人体内外环境各种刺激的影响，使消化功能的调节失去平衡。引起厌食的器质性疾病，常见的有：消化系统的肝炎、胃窦炎、十二指肠溃疡等。锌、铁等元素缺乏，微量元素锌缺乏会使宝宝味觉减退而影响食欲。微量元素缺乏是厌食的原因，也是不良饮食习惯的结果。

（3）长期使用某些药物如红霉素等，也可引起食欲减退。

（4）长期的不良饮食习惯扰乱了消化、吸收固有的规律，消化能力减低。

事实上，由于疾病引起"厌食"在临床中所占的比率是非常低的。不良的饮食习惯和喂养方式所导致的非疾病性"厌食"，如偶尔不爱吃饭、短时食欲欠佳、一段时间食欲不振，是最常见的情况。

新生儿生下来就会吸吮奶头，吃是宝宝的第一需要，当一个健康的宝宝饥饿时，倘若不给他奶吃，就会拼命哭闹。因为吃是维系自身生命必不可少的。随着宝宝不断长大，吃的能力应该是越来越强，什么原因使宝宝生来具有的本能削弱,甚至最终导致厌食?为什么吃饭问题如此常见，成了门诊中的"常见病"？如果父母们不让上面的情景重演，就不会有这么多的吃饭问题。

2. 为什么要重新看待宝宝吃饭？

有些父母把宝宝吃饭与爱紧密相连，似乎只有把大量的鸡鸭鱼肉塞入宝宝的肚子里，宝宝才能长得好，于是就填鸭似的拼命给宝宝塞。都是些高蛋白，宝宝怎能吃得消？其实，让宝宝吃得清淡些，换换口味，反而能使宝宝保持旺盛的食欲，有利于消化吸收。宝宝的肠胃和人一样，也需要休息，高蛋白的食物吃多了，肠胃得不到休息，消化不良，食欲下降是难免的。

有的父母一味地迁就宝宝，让宝宝边吃边玩，东游西荡，想吃就吃，不管是不是吃饭的时间。这样长久下去会严重影响宝宝食欲。让宝宝养成良好的进食习惯，到了吃饭的时间和环境就产生条件反射，胃液分泌，食欲增加。把吃饭当成一种有序的事情，如饭前洗手、搬小椅子、分筷子等，有意识地制造一种气氛，让宝宝感觉到吃饭也是一件认真愉快的事情。

如果父母不限制宝宝吃零食，血液中的血糖含量过高，没有饥饿感，到了吃饭的时候，就没有了胃口。过后又以点心充饥，造成恶性循环。要想解决宝宝"吃饭难"，应该坚决做到饭前两小时不给宝宝吃零食。

按顿吃饭，三正餐两点心形成规律，消化系统才能劳逸结合。控制吃零食的时间，正餐前，宝宝渴望进食。这时可能饭菜还没有准备好，或者还没有到吃饭的时间，但距离正餐时间也就是个把小时。这个时候绝不能给宝宝吃零食，零食不能排挤正餐，应该安排在两餐之间，或餐后进行。

冷饮和甜食，口感好，味道香，宝宝都爱吃，但这两类食品均影响食欲。中医认为冷饮损伤脾胃，西医认为会降低消化道功能，影响消化液的分泌。甜食吃得过多也会伤胃，最好安排在两餐之间或餐后一小时加甜食。

对确有厌食表现的宝宝，如果是疾病所致应积极配合医生治疗。同时爸爸妈妈要给予宝宝关心与爱护，鼓励宝宝进食，切莫在宝宝面前显露出焦虑不安、忧心忡忡，更不要唠唠叨叨让宝宝进食。如果为此而责骂宝宝，强迫宝宝进食，不但会抑制宝宝摄食中枢活动，使食欲无法启动，甚至宝宝会产生逆反心理，拒绝进食，就餐时情绪低落。

3. 宝宝的膳食结构是否合理？

每天不仅吃肉、乳、蛋、豆，还要吃五谷杂粮、蔬菜、水果。每餐要求荤素、粗细、干稀搭配，如果搭配不当，会影响食欲。如肉、乳、蛋、豆类吃多了，会因为富含脂肪和蛋白质，胃排空的时间就会延长，到吃饭时间却没有食欲；粗粮、蔬菜、水果吃得少，消化道内纤维素少，容易引起便秘。有些水果过量食入会产生副作用。橘子吃多了"上火"，梨吃多了损伤脾胃，柿子吃多了便秘，这些因素都会直接或间接地影响食欲。

参考文献

1. 松原达哉著.宋维炳译.婴幼儿智能开发百科.（日）成每堂出版社,北京：中国妇女出版社,1997

2. 高振敏主编.中国儿童智力开发百科全书.长沙：湖南少年儿童出版社,2003

3. 程怀,程跃主编.同步成长全书.天津：天津教育出版社,1995

4. 刘湘云等主编.儿童保健学.南京：江苏科学技术出版社,1989

5. 刘湘云等主编.儿童保健学.南京：凤凰出版传媒集团,2007

6. 郭树春主编.儿童保健学.北京：人民卫生出版社,1989

7. 中国医科大学等主编.儿科学.北京：人民卫生出版社,1979

8. 王如文,胡建春编著.儿童营养实用知识必读.北京：中国妇女出版社,2004

9. W.GeorgeScarlett著.谭晨译.儿童游戏——在游戏中成长.北京：中国轻工业出版社,2008

10. 丁宗一等编著.中国儿童营养喂养指南.上海：第二军医大学出版社,2006

11. 欧阳鹏程主编.0~3岁小宝宝科学喂养.上海：第二军医大学出版社,2006

12. 欧阳鹏程主编.悉心照料小宝宝.上海：第二军医大学出版社,2006

13. 王书荃主编.0~6岁成长测评.北京：中国人口出版社,2009

14. 王书荃编著. 儿童发展评估与课程设计. 长春：北方妇女儿童出版社，2008

15. 王书荃编著. 婴幼儿的智力发展与潜能开发. 北京：中国人口出版社，2002

16. 王书荃著. 婴幼儿的情绪与行为. 北京：中国人口出版社，2003

17. 王书荃主编. 幼儿智力潜能开发. 兰州：甘肃人民出版社，2006

18. 王木木主编. 0～3岁同步成长百科全书. 世界图书出版公司，2008

19. 洪明，里程著. 康康安全行. 北京：中国物价出版社，2005

20. 戴淑凤等主编. 婴幼儿安全与急救. 北京：教育科学出版社，2002

21. 茱蒂·赫尔著. 张燕译丛主编. 0～3岁婴幼儿教养方案译丛. 北京：北京师范大学出版社，2007

22. 朱小曼. 儿童情感与教育. 南京：江苏教育出版社，1998

23. 郑玉巧. 育儿百科. 北京：化学工业出版社，2009

24. 内藤寿七郎. 育儿原理. 北京：中国少年儿童出版社，1992

25. S.格哈特著. 王燕译. 母爱的力量. 上海：华东师范大学出版社，2008

26. 格兰·多曼，詹尼特·多曼. 你的宝宝是天才. 北京：外语教学与研究出版社，2009